CUADERNILLO PRÁCTICO 1: Comandos Windows de red y AD DS

Copyright © 30-07-2016 por Baldomero Sánchez Pérez

Reservados todos los derechos. Este libro o cualquier parte del mismo no puede ser reproducido o utilizado en cualquier forma sin el permiso expreso y por escrito del editor, excepto para el uso de citas de franqueo en una reseña de un libro o revista académica.

Primera Impresión: 2016

ISBN 978-1-326-75052-7

Editorial: LULU.COM

www.baldoweb.net

Baldomero Sánchez Pérez
Profesor Técnico de Formación Profesional
Sistemas y Aplicaciones Informáticas

Ingeniero en Informática.

Este libro está dedicado a los alumnos, que a base de su esfuerzo e ilusión, que logran todos los años titular en los ciclos formativos de Grado Medio como Técnicos en Sistemas Microinformáticos y Redes, como los que realizan los Ciclos de Grado Superior en Administración de Sistemas Informáticos y Redes.

Y sobre todo a esos grandes profesionales Informáticos, los compañeros de departamento, que en silencio y con su espíritu de trabajo profesional están al día en las innovaciones Informáticas, consiguiendo que los alumnos alcancen los conocimiento necesarios para su desarrollo profesional y personal.

No olvido lo más importante en mi vida, que es mi familia, a la que agradezco su apoyo e ilusión que permiten que desarrolle lo mejor posible mi trabajo.

"No lo sé, se ha convertido en No lo sé todavía"

Bill Gates

CONTENIDO

PREFACIO 7
PRÁCTICA 1: Analizar la configuración de la Red.. 9
PRÁCTICA 2: Configurar estructura de Red: UO, grupos y usuarios. 30
PRÁCTICA 3: Crear un usuario, UO, GRUPOS, usuarios dentro de grupos. DSADD 44
PRÁCTICA 4: Permisos de Usuarios Windows. 45
PRÁCTICA 5: Visualizar información del dominio AD DS 48
PRÁCTICA 6: Visualizar información de objetos y unidades de red del dominio. 54
PRÁCTICA 7: Visualizar y establecer el sistema particiones y cuotas, en AD DS. 59
PRÁCTICA 8: Restricciones de Windows a nivel de claves, en AD DS. 62
PRÁCTICA 9: Analizar y ver las sesiones protocolos y procesos en ejecución. 66
PRÁCTICA 10: Comprobar el funcionamiento del servidor DNS. 86
PRÁCTICA 11: Tablas de enrutamientos. ROUTE 91
ANEXOS : Comandos de RED y AD DS 94
GLOSARIO 119
REFERENCIAS WEB 121
REFERENCIA DE COMANDOS 122

PREFACIO

Este libro, se denomina cuadernillo práctico, porque en él se recogen prácticas básicas de comandos Windows de redes, que se manejan tanto al lado del cliente como al lado del servidor (Windows Server), recoge una parte de los conceptos de las programaciones didácticas, que se incorporan en diferentes unidades de trabajo de diferentes módulos de ciclos formativos (grado medio como los diferentes grados superiores en informática). No existe una clasificación por unidades de trabajo, ni por capítulos, ya que es un compendio secuencial de prácticas desarrolladas tanto en Active Directory (Windows Server 2012 R2), en un cliente Windows 10 Profesional, que se pueden incluir en cualquier Unidad de Trabajo.

Es cuadernillo y no cuaderno, su organización es un conjunto de prácticas básicas, para manejar los siguientes comandos: hostname, getmac, ping, pathping, tracert, nbtstat, arp, route, ipconfig, nslookup, netstat, net, whoami, dsadd, icacls, dsacls, dsget, dsquery, gpresult, gpupdate, cacls, fsutil, set, setx, …

El Objetivo son prácticas de comandos que se deben de acompañar de una explicación pertinente a los conceptos de redes que se desea comprobar y analizar en la red, en caso de desconocimiento, ya que se parte de la premisa que el usuario posee los conocimientos básicos de teoría de redes y comunicación.

Es un libro totalmente válido para cualquier profesional de Informática, que desee tener una guía de ejecución de comandos de red y análisis de los resultados obtenidos, como referencia práctica.

La Organización del libro está basado en 11 prácticas, cuya ejecutar y utilización es independiente de su realización secuencial, o bien, en combinación o por partes.

Las prácticas están organizadas, primero se plantea el objetivo que se desea conseguir, que viene expresado en el título de la práctica, a continuación va la descripción de los conocimientos básicos para el desarrollo de la práctica, se pueden plantear requisitos de ejecución previos, el cuerpo de la práctica son los pasos que se deben seguir para el desarrollo total o parcial, se encuentran ordenados numéricamente y con apartados alfabéticos. Los apartados alfabéticos, con la explicación de cada opción o modificador y sus resultados, o la combinación de varias opciones. Las prácticas recogen ilustraciones o resultados de texto obtenidos en el PROMPT, los resultados de los servidores provienen de la ejecución en máquinas virtuales, VirtualBox e Hiper-V de Windows 10.

Las prácticas contienen complementos aclaratorios, de su realización o conocimientos previos, relacionados con su desarrollo a nivel práctico. Se encuentran acompañadas por viñetas o aclaración de su desarrollo, reflejadas en diferentes colores: Azul explicaciones de conocimientos para su desarrollo, Naranja notas aclaratorias o requisitos importantes o precauciones, Verde aclaraciones de parámetros y valores a tener en cuenta en la ejecución.

La metodología empleada en el desarrollo de las prácticas es una metodología Constructiva. Se pretende el complemento a un aprendizaje inicial Conductivista. Aunque puede utilizarse para el aprendizaje a distancia, o el autoaprendizaje o como consulta profesional de técnicos en redes.

Para su desarrollo se ha utilizado software original de Microsoft © Windows Server 2012 R2, Windows 7 Profesional y Windows 10 Profesional, bajo licencia MSDN. El objetivo no es modificar ni plagiar, solo divulgar los contenidos como forma didáctica de aprendizaje, bajo las marcas registradas, según la legislación vigente. Las ilustraciones imágenes o gráficos utilizados proviene de algunas Web con registro ©, como tal se encuentran referenciadas su ubicación sin que exista alteración de las mismas, como son CISCO, ORACLE o Wikipedia, a su vez se encuentran referenciadas las Web, de dónde se ha extraído información de comandos de Microsoft como son por ej.: http://ss64.com/nt/, https://technet.miscrosoft.com,… Se encuentran ubicadas al final, en el punto Referencias Web.

PRÁCTICA 1: Analizar la configuración de la Red.
DESCRIPCIÓN:

1. Introducción.

Su importancia es relevante el tener el conocimiento de administración, ya que hoy día estamos en el entorno que todo es comunicación, ya que los comandos nos permiten establecer comunicación con otros equipos (HOST).

Los comandos de red, su utilidad es detectar el funcionamiento correcto y los posibles fallos o problemas de una red de área local y cualquier otro ámbito (entre ellos Internet).

Su ejecución se realiza desde la consola de intérprete de comandos (CMD), PowerShell o desde cualquier aplicación que realice invocación a los comandos del sistema u objetos, como pueden ser desde Visual Basic Scripting Host, NetLogon, MSIC o cualquier otra aplicación.

El conocimiento profundo de los comandos de red, implica su única utilización en combinación con los comandos PowerShell, a nivel de administrador en las instalaciones CORE de Windows 2008, 2012, 2016 Server.

2. Analizar la configuración de Red.

Una red dispone como elemento principal de comunicación un dispositivo físico, principalmente la tarjeta de red u otros dispositivos (Bluetooth, Modem "en desuso",…).

Todo dispositivo físico de red, o sea toda tarjeta de red (NIC: Network Interface Controle). Posee una comunicación directa con el hardware del equipo, es una interacción directa con el sistema operativo, descargando al microprocesador de su gestión, se encuentra reflejada en el área de memoria RAM del equipo (DMA: Acceso Directo a Memoria) y constituido por: las direcciones de datos y el registro de control de acceso al dispositivo, conjunto con la(s) interrupción(es) de su manejo. Esto permite un funcionamiento interactivo entre el HARDWARE, sistema y tarjeta NIC.

Todo equipo conectado en una red se identifica por su nombre de equipo, por su MAC, ambos deben ser únicos.

Si además utilizamos el protocolo de comunicaciones TCP/IP, implica que en una red no pueden existir dos equipos con la misma IP o con el mismo nombre.

Windows en su instalación, asigna por defecto el grupo de trabajo WORKGROUP o GRUPO_TRABAJO y no establece dirección IP, estando activo por defecto el uso de los dos protocolos IPv4 e IPv6, con objeto de permitir que se asigne por defecto una dirección IP de un servidor DHCP. Windows asigna un nombre aleatorio por defecto.

PASO 1: Consultar el nombre del equipo. HOSTNAME

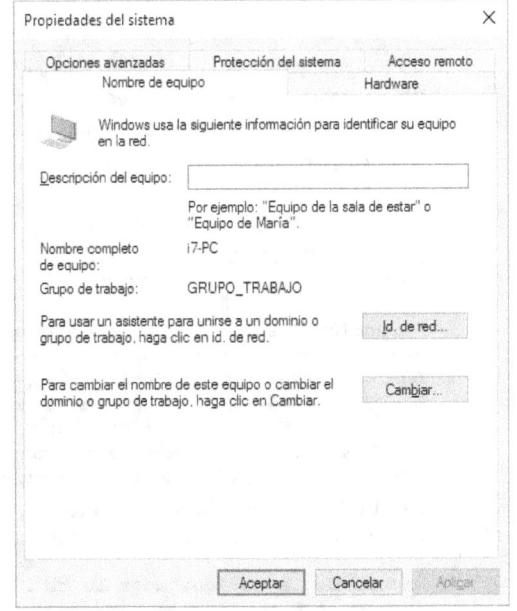

Visualizar el nombre del equipo local. En el proceso de instalación de Windows, por defecto se le asigna un nombre al equipo. Si el usuario no lo ha cambiado es el nombre que aparece con el siguiente comando. Para cambiar el nombre en Windows 2012 Server (Inicio->Configuración->Sistema->Acerca de…-> Cambiar nombre), Windows 10, Mi PC (Botón derecho)->Propiedades->Cambiar configuración).

a) Visualizar el nombre del Equipo, desde CMD o línea de comandos.

HOSTNAME
```
C:\Users\aprendiz>hostname
i7-PC
```
b) Cambiar el nombre del equipo desde CMD.
Funciona de forma exacta tanto en Windows 2012 Server o Windows 10.
   b.1) Desde el PROMPT. Escribe **sysdm.cpl** + [ENTER]
   ```
   C:\Users\aprendiz>sysdm.cpl
   ```
   b.2) Desde el entorno gráfico, en ejecutar.
   Tecla Windows + X
   Ejecutar: sysdm.cpl + [ACEPTAR]

PASO 2: Consultar la dirección MAC de las tarjetas de red. GETMAC

¿Qué es la MAC?

La **dirección MAC** (*Media Access Control*; "**control de acceso al medio**") es un identificador de 48 **bits** (en 6 bloques **hexadecimales**) que corresponde de forma única a una **tarjeta o dispositivo de red**. Se conoce también como **dirección física**, y es única para cada dispositivo de red, no pueden existir dos iguales a nivel de fabricante.

Está compuesta por dos partes, cada una compuesta por 24 bits.

OUI: Está determinada y configurada por el **IEEE** (los primeros 24 bits) y el fabricante (los últimos 24 bits) utilizando el *Organizationally Unique Identifier*.

NIC: Los 24 bits que identifican al dispositivo de red, propios de un fabricante (OUI), y es único en su fabricación. No pueden existir dos MAC iguales, en ninguna red. El fabricante no puede crear dos productos iguales.

2^{24} bits= 16.777.216

2^{48} bits= 281.474.976.710.656

Ilustración 1: Procede de Wikipedia Dirección MAC y Cisco https://supportforums.cisco.com/document/

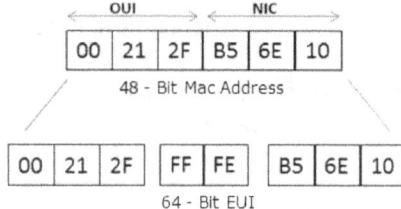

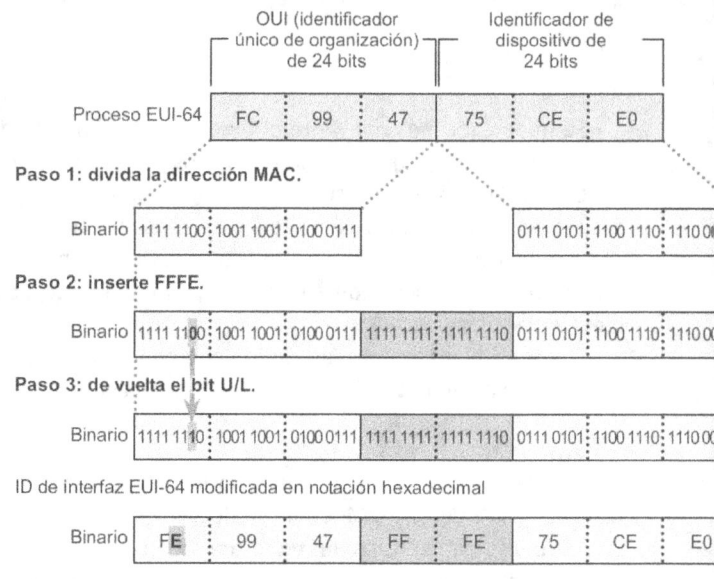

Ilustración 3: Procede CNA1 de Cisco, modulo 8. Se refleja cómo se realizan los cambios de una MAC-48 a EUI-64. con la inserción de FF-FE. entre OUI y NIC.

EUI-64: La EUI-64 dirección de formato IPv6 se obtiene a través de la dirección MAC de 48 bits. La dirección MAC se separa por primera vez en dos 24 bits, uno de los cuales OUI (organización Unique Identifier) y el otro es el NIC específico. El 16-bit 0xFFFE se inserta entonces entre estos dos 24 bits para la dirección EUI 64 bits. IEEE ha elegido FFFE como un valor reservado que sólo puede aparecer en EUI-64 generada a partir de la una dirección EUI-48 MAC.

El Byte Más Significativo, el séptimo bit de la izquierda, o el bit universal/local (U/L), tiene que ser invertida. Este bit identifica si este identificador de interfaz se administra universalmente o localmente:

- 0: la dirección se administra localmente.
- 1: la dirección es única a nivel mundial.

Hay que resaltar en la parte OUI, las direcciones globalmente únicas asignadas por el IEEE siempre ha sido puesto a 0, mientras que las direcciones creadas a nivel local ha configurado 1. Por lo tanto, cuando se invierte el bit, mantiene su alcance original (dirección única mundial sigue siendo único global y viceversa). La razón de inversora se puede encontrar en la sección 2.5.1 RFC4291.

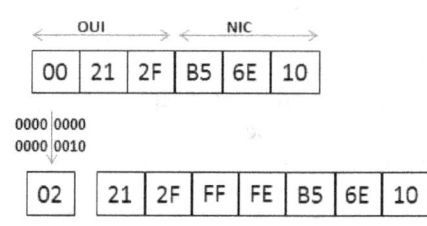

Ilustración 2: Explicación del Bit local/universal positición 2, esta imagen procede de CISCO ocupa el segundo bit a la derecha. Imagen procede de https://supportforums.cisco.com/document/

> Se encuentra en la capa 2 del modelo OSI que usan una de las tres numeraciones manejadas por el IEEE: MAC-48, EUI-48, y EUI-64.

PASO 2.1. Consultar las tarjetas locales.
a) Consulta por defecto la MAC.
```
C:\Windows\system32>GETMAC

Dirección física      Nombre de transporte
===================   ==========================================================
68-5D-43-E2-34-ED     \Device\Tcpip_{6C3F6FE1-C095-434B-9A2A-9B1DB3D61790}
5C-F9-DD-40-96-17     Medios desconectados
N/A                   Hardware ausente
68-5D-43-E2-34-F1     Medios desconectados
5C-F9-DD-40-96-17     Medios desconectados
```

b) Consulta detallada de las tarjetas del equipo y sus MAC.
```
C:\Windows\system32>GETMAC  /v

Nombre de la co  Adaptador de re  Dirección física   Nombre de transporte
===============  ===============  =================  ==========================================================
Conexión de red  Intel(R) Centri  68-5D-43-E2-34-ED  \Device\Tcpip_{6C3F6FE1-C095-434B-9A2A-9B1DB3D61790}
Ethernet         Realtek PCIe FE  5C-F9-DD-40-96-17  Medios desconectados
VirtualBox Host  VirtualBox Host  N/A                Hardware ausente
Conexión de red  Bluetooth Devic  68-5D-43-E2-34-F1  Medios desconectados
vEthernet (Mi t  Hyper-V Virtual  5C-F9-DD-40-96-17  Medios desconectados
```

c) Consultar las MAC, de la salida con formato: lista, tabla y CSV.
```
C:\Windows\system32>GETMAC  /v /fo list

Nombre de la co  Adaptador de re  Dirección física   Nombre de transporte
===============  ===============  =================  ==========================================================
Conexión de red  Intel(R) Centri  68-5D-43-E2-34-ED  \Device\Tcpip_{6C3F6FE1-C095-434B-9A2A-9B1DB3D61790}
Ethernet         Realtek PCIe FE  5C-F9-DD-40-96-17  Medios desconectados
VirtualBox Host  VirtualBox Host  N/A                Hardware ausente
Conexión de red  Bluetooth Devic  68-5D-43-E2-34-F1  Medios desconectados
vEthernet (Mi t  Hyper-V Virtual  5C-F9-DD-40-96-17  Medios desconectados
```

```
C:\Windows\system32>GETMAC   /v /fo table

Nombre de la co Adaptador de re Dirección física    Nombre de transporte
=============== =============== ==================  =========================================================
Conexión de red Intel(R) Centri 68-5D-43-E2-34-ED    \Device\Tcpip_{6C3F6FE1-C095-434B-9A2A-9B1DB3D61790}
Ethernet        Realtek PCIe FE 5C-F9-DD-40-96-17    Medios desconectados
VirtualBox Host VirtualBox Host N/A                  Hardware ausente
Conexión de red Bluetooth Devic 68-5D-43-E2-34-F1    Medios desconectados
vEthernet (Mi t Hyper-V Virtual 5C-F9-DD-40-96-17    Medios desconectados

C:\Windows\system32>GETMAC   /v /fo csv
"Nombre de la conexión","Adaptador de red","Dirección física","Nombre de transporte"
"Conexión de red inalámbrica","Intel(R) Centrino(R) Wireless-N 2230","68-5D-43-E2-34-
ED","\Device\Tcpip_{6C3F6FE1-C095-434B-9A2A-9B1DB3D61790}"
"Ethernet","Realtek PCIe FE Family Controller","5C-F9-DD-40-96-17","Medios desconectados"
"VirtualBox Host-Only Network","VirtualBox Host-Only Ethernet Adapter","N/A","Hardware ausente"
"Conexión de red Bluetooth 2","Bluetooth Device (Personal Area Network)","68-5D-43-E2-34-F1","Medios des-
conectados"
"vEthernet (Mi tarjeta de red i7)","Hyper-V Virtual Ethernet Adapter","5C-F9-DD-40-96-17","Medios desco-
nectados"
```

PASO 3: Consultar tarjetas de red de un servidor desde un puesto de trabajo. GETMAC

Se establecen los pasos a seguir con el objetivo de poder comprobar o analizar una MAC, desde un puesto a otro Equipo de la red, en el ejemplo se realiza sobre un servidor de Windows 2012 Server. El comando GETMAC debe de tener acceso al procotolo RPC, esto implica que se debe habilitar el servicio RPC en el cortafuego.

1º Comprobar el estado *"La funcionalidad remota del Administrador del servidor"*, desde Powershell.

2º Accede al cortafuegos en entorno gráfico, y se configuran las reglas de entrada, habilitando la administración remota de servicios RPC.

3º Desde un cliente, Windows 10, se accede al servidor de forma autentificada con usuario y password y se comprueba la MAC del servidor desde el cliente. [pto e)]

a) Comandos de red WEB, desde el PowerShell ejecutados solo en un Servidor Windows 2012 Server.
   Por comando desde símbolo de sistema, desde el prompt.

```
C:\Windows\system32>POWERSHELL
Windows PowerShell
Copyright (C) 2013 Microsoft Corporation. Todos los derechos reservados

PS C:\Windows\system32> Configure-SMRemoting -get
La funcionalidad remota del Administrador del servidor está habilitada
PS C:\Windows\system32> Configure-SMRemoting -disable
La funcionalidad remota del Administrador del servidor ahora está deshabilitada:
 Acceso remoto deshabilitado.

PS C:\Windows\system32> CONFIGURE-SMREMOTING -ENABLE
La funcionalidad remota del Administrador del servidor ahora está habilitada: Habilite el acceso
remoto.
```

> Configure-SMRemoting -get, nos muestra el estado
> Configure-SMRemoting -enable, habilita
> Configure-SMRemoting - disable, deshabilita

b) Permite el acceso en el servidor para ello hay que habilitar el CORTAFUEGOS.
   Servidor se habilitar en el CORTAFUEGOS

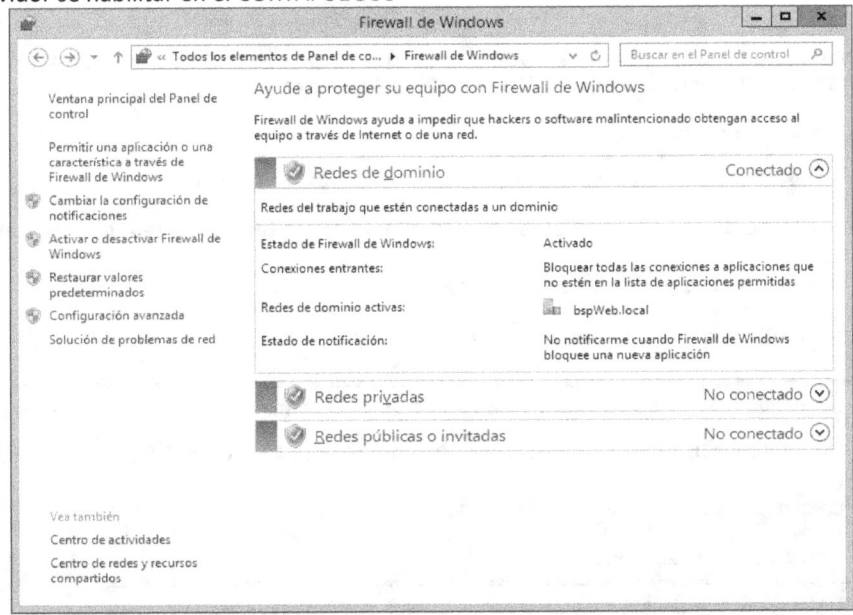

c) En configuración avanzada, en el menú de la izquierda, y accedemos a las reglas.
   En Reglas de entrada

> 🛡️ Firewall de Windows con segur
> 　　🔒 Reglas de entrada
> 　　🔒 Reglas de salida
> 　　🔒 Reglas de seguridad de con
> 　▷ 🔍 Supervisión

d) Dentro de las reglas buscamos para Habilitamos/Deshabilitar Regla (Botón derecho, sobre el campo aparece el desplegable). Se debe realizar la activación sobre la administración de servicios remotos de Windows. RPC.

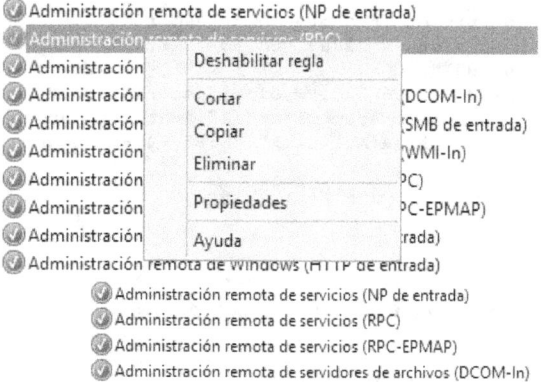

e) Comprobar desde el cliente de Windows si se tiene acceso al servidor, previa identificación remota (RPC).
```
Z:\>GETMAC /s SVRPRINC00 /NH /V
Escriba la contraseña para SAUCES\baldo:*********

Error: Error de inicio de sesión: nombre de usuario desconocido o contraseña incorrecta.
```

f) Acceso al nombre del servidor más el nombre del usuario que se quiere conectar. Si ambos son correctos nos solicita el password, y nos muestra la información de la tarjeta(s) de red solicitada(s).
```
Z:\>GETMAC /s SVRPRINC00 /U Administrador
Escriba la contraseña para Administrador:*********

Dirección física       Nombre de transporte
===================    ========================================================
08-00-27-F4-EA-76      \Device\Tcpip_{25AABFF4-914D-41F7-8E22-BBE28F9ADAFE}
```

g) Acceder al servidor con un nombre de usuario y la password, nos muestra la tarjeta de red.
```
Z:\>GETMAC /s SVRPRINC00 /U Administrador   /P Aaa111!!!

Dirección física       Nombre de transporte
===================    ========================================================
08-00-27-F4-EA-76      \Device\Tcpip_{25AABFF4-914D-41F7-8E22-BBE28F9ADAFE}
```

h) Acceder al servidor con un nombre de usuario y la password, nos muestra la tarjeta de red, sin visualizar la cabecera del formato tabla.
```
Z:\>GETMAC /s SVRPRINC00 /U Administrador   /P Aaa111!!! /NH

08-00-27-F4-EA-76      \Device\Tcpip_{25AABFF4-914D-41F7-8E22-BBE28F9ADAFE}
```

i) Acceder al servidor con un nombre de usuario y la password, nos muestra la tarjeta de red, con formato de lista.
```
Z:\>GETMAC /s SVRPRINC00 /U Administrador   /P Aaa111!!! /FO list

Dirección física       Nombre de transporte
===================    ========================================================
08-00-27-F4-EA-76      \Device\Tcpip_{25AABFF4-914D-41F7-8E22-BBE28F9ADAFE}
```

j) Acceder al servidor con un nombre de usuario y la password, nos muestra la tarjeta de red, con formato de lista, con toda la información completa.
```
Z:\>GETMAC /s SVRPRINC00 /U Administrador   /P Aaa111!!! /FO list  /v

Nombre de la co  Adaptador de re  Dirección física    Nombre de transporte

===============  ===============  ==================  ========================================================
Ethernet         Adaptador de es  08-00-27-F4-EA-76   \Device\Tcpip_{25AABFF4-914D-41F7-8E22-BBE28F9ADAFE
```

k) Acceder al servidor con un nombre de usuario y la password, nos muestra la tarjeta de red, con formato de tabla, con toda la información completa.
```
Z:\>getmac /s SVRPRINC00 /U Administrador   /P Aaa111!!! /FO table

Dirección física       Nombre de transporte
===================    ========================================================
08-00-27-F4-EA-76      \Device\Tcpip_{25AABFF4-914D-41F7-8E22-BBE28F9ADAFE}
```

l) Acceder al servidor con un nombre de usuario y la password, nos muestra la tarjeta de red, con formato de tabla, sin mostrar la información de cabecera de la tabla.

```
Z:\>GETMAC /s SVRPRINC00 /U Administrador  /P Aaa111!!! /FO table /NH

08-00-27-F4-EA-76   \Device\Tcpip_{25AABFF4-914D-41F7-8E22-BBE28F9ADAFE}
```

m) Acceder al servidor con un nombre de usuario y la password, nos muestra la tarjeta de red, con formato de tabla, con toda la información completa.
```
Z:\>GETMAC /s SVRPRINC00 /U Administrador  /P Aaa111!!! /FO CSV
"Dirección física","Nombre de transporte"
"08-00-27-F4-EA-76","\Device\Tcpip_{25AABFF4-914D-41F7-8E22-BBE28F9ADAFE}"
```

n) Acceder al servidor con un nombre de usuario y sin especificar el password y en la solicitud se produce una cancelación de la ejecución del comando (el resultado se solicitaba en formato de LISTA).
```
Z:\>GETMAC /s SVRPRINC00 /U bspWeb\administrador    /FO LIST
Escriba la contraseña para bspWeb\administrador:^C
```

o) Acceder al servidor con un nombre de usuario y sin especificar el password y lo solicita antes de realizar la ejecución, nos muestra la tarjeta de red, con formato LISTA.
```
Z:\>GETMAC /s SVRPRINC00 /U bspWeb.local\administrador    /FO LIST
Escriba la contraseña para bspWeb.local\administrador:*********

Dirección física       Nombre de transporte
==================    ===========================================================
08-00-27-F4-EA-76     \Device\Tcpip_{25AABFF4-914D-41F7-8E22-BBE28F9ADAFE}
```

PASO 4: Diagnosticar la tarjeta de red o medio de comunicación. PING

Se utiliza para comprobar si existe conexión física, y además comunicación con otro equipo o dispositivo de la red. Se envía un determinado número de paquetes de datos a la dirección que se indica y al final comprobaremos si dichos mensajes han llegado correctamente a su destino (en tiempo y número). Para su correcto funcionamiento debe permitirse el uso en los cortafuegos.

PASO 4.1: Desde un cliente Windows 7 Profesional a un Windows server 2012 R2

a) Obtener la ayuda en la línea de comandos.
```
Z:\>PING /?
```

b) Ping normal a una dirección IP.
```
Z:\>PING    192.168.5.240

Haciendo ping a 192.168.5.240 con 32 bytes de datos:
Respuesta desde 192.168.5.240: bytes=32 tiempo<1m TTL=128
Respuesta desde 192.168.5.240: bytes=32 tiempo<1m TTL=128
Respuesta desde 192.168.5.240: bytes=32 tiempo<1m TTL=128
Respuesta desde 192.168.5.240: bytes=32 tiempo<1m TTL=128

Estadísticas de ping para 192.168.5.240:
    Paquetes: enviados = 4, recibidos = 4, perdidos = 0
    (0% perdidos),
Tiempos aproximados de ida y vuelta en milisegundos:
    Mínimo = 0ms, Máximo = 0ms, Media = 0ms
```

c) Comprobar el funcionamiento de la tarjeta de red. El Ping a la propia tarjeta; localhost (127.0.0.1), es como si se puenteara la salida Tx a la entrada de Rx, de la propia tarjeta.
```
C:\Windows\system32>PING localhost
Haciendo ping a IS31W7PR.sauces.local [::1] con 32 bytes de dato
Respuesta desde ::1: tiempo<1m
Respuesta desde ::1: tiempo<1m
Respuesta desde ::1: tiempo<1m
Respuesta desde ::1: tiempo<1m

Estadísticas de ping para ::1:
    Paquetes: enviados = 4, recibidos = 4, perdidos = 0
    (0% perdidos),
Tiempos aproximados de ida y vuelta en milisegundos:
    Mínimo = 0ms, Máximo = 0ms, Media = 0ms

C:\Windows\system32>PING 127.0.0.1

Haciendo ping a 127.0.0.1 con 32 bytes de datos:
Respuesta desde 127.0.0.1: bytes=32 tiempo<1m TTL=128
Respuesta desde 127.0.0.1: bytes=32 tiempo<1m TTL=128
Respuesta desde 127.0.0.1: bytes=32 tiempo<1m TTL=128
Respuesta desde 127.0.0.1: bytes=32 tiempo<1m TTL=128

Estadísticas de ping para 127.0.0.1:
```

> **PING:** El origen es el sonar de los submarinos. Otra afición es Packet Internet Groper, "Buscador o rastreador de paquetes en redes"
>
> Esta herramienta habilita al administrador para mostrar la dirección MAC para adaptadores de red en un sistema.
>
> Al ejecutar el comando Ping de solicitud, el Host local envía un mensaje ICMP, incrustado en un paquete IP. El mensaje ICMP de solicitud incluye, además del tipo de mensaje y el código del mismo, un número identificador y una secuencia de números, de 32 bits, que deberán coincidir con el mensaje ICMP de respuesta; además de un espacio opcional para datos. Como protocolo ICMP no se basa en un protocolo de capa de transporte como TCP o UDP y no utiliza ningún protocolo de capa de aplicación. (ref. Wikipedia)

```
        Paquetes: enviados = 4, recibidos = 4, perdidos = 0
        (0% perdidos),
    Tiempos aproximados de ida y vuelta en milisegundos:
        Mínimo = 0ms, Máximo = 0ms, Media = 0ms
```

d) Hacer ping a un host específico, a su IP.
```
Z:\>PING -t 192.168.5.240

Haciendo ping a 192.168.5.240 con 32 bytes de datos:
Respuesta desde 192.168.5.240: bytes=32 tiempo<1m TTL=128
Respuesta desde 192.168.5.240: bytes=32 tiempo<1m TTL=128
Respuesta desde 192.168.5.240: bytes=32 tiempo<1m TTL=128
Respuesta desde 192.168.5.240: bytes=32 tiempo<1m TTL=128
Respuesta desde 192.168.5.240: bytes=32 tiempo<1m TTL=128
Respuesta desde 192.168.5.240: bytes=32 tiempo<1m TTL=128
Respuesta desde 192.168.5.240: bytes=32 tiempo<1m TTL=128
Respuesta desde 192.168.5.240: bytes=32 tiempo<1m TTL=128
Respuesta desde 192.168.5.240: bytes=32 tiempo<1m TTL=128
Respuesta desde 192.168.5.240: bytes=32 tiempo<1m TTL=128
Respuesta desde 192.168.5.240: bytes=32 tiempo<1m TTL=128

Estadísticas de ping para 192.168.5.240:
    Paquetes: enviados = 11, recibidos = 11, perdidos = 0
    (0% perdidos),
Tiempos aproximados de ida y vuelta en milisegundos:
    Mínimo = 0ms, Máximo = 0ms, Media = 0ms
Control-C
^C
```

e) Resolver direcciones de un host. A partir de un servidor de dominio.
```
C:\Windows\system32>PING -a www.google.es

Haciendo ping a www.google.es [216.58.211.227] con 32 bytes de datos:
Respuesta desde 216.58.211.227: bytes=32 tiempo=15ms TTL=54
Respuesta desde 216.58.211.227: bytes=32 tiempo=17ms TTL=54
Respuesta desde 216.58.211.227: bytes=32 tiempo=18ms TTL=54
Respuesta desde 216.58.211.227: bytes=32 tiempo=14ms TTL=54

Estadísticas de ping para 216.58.211.227:
    Paquetes: enviados = 4, recibidos = 4, perdidos = 0
    (0% perdidos),
Tiempos aproximados de ida y vuelta en milisegundos:
    Mínimo = 14ms, Máximo = 18ms, Media = 16ms
```

f) Especificar una dirección IP y analizar de forma independientemente con la opción –a.
```
Z:\>PING  -a 192.168.5.240

Haciendo ping a SVRPRINC00 [192.168.5.240] con 32 bytes de datos:
Respuesta desde 192.168.5.240: bytes=32 tiempo<1m TTL=128
Respuesta desde 192.168.5.240: bytes=32 tiempo<1m TTL=128
Respuesta desde 192.168.5.240: bytes=32 tiempo<1m TTL=128
Respuesta desde 192.168.5.240: bytes=32 tiempo<1m TTL=128

Estadísticas de ping para 192.168.5.240:
    Paquetes: enviados = 4, recibidos = 4, perdidos = 0
    (0% perdidos),
Tiempos aproximados de ida y vuelta en milisegundos:
    Mínimo = 0ms, Máximo = 0ms, Media = 0ms
```

g) Hacer ping a un host específico. De forma independiente hasta que se detenga (-t).
```
Z:\>PING -t -a 192.168.5.240

Haciendo ping a SVRPRINC00 [192.168.5.240] con 32 bytes de datos:
Respuesta desde 192.168.5.240: bytes=32 tiempo<1m TTL=128
Respuesta desde 192.168.5.240: bytes=32 tiempo<1m TTL=128
Respuesta desde 192.168.5.240: bytes=32 tiempo<1m TTL=128
Respuesta desde 192.168.5.240: bytes=32 tiempo<1m TTL=128
Respuesta desde 192.168.5.240: bytes=32 tiempo<1m TTL=128
Respuesta desde 192.168.5.240: bytes=32 tiempo<1m TTL=128
Respuesta desde 192.168.5.240: bytes=32 tiempo<1m TTL=128
Respuesta desde 192.168.5.240: bytes=32 tiempo<1m TTL=128
Respuesta desde 192.168.5.240: bytes=32 tiempo<1m TTL=128
Respuesta desde 192.168.5.240: bytes=32 tiempo<1m TTL=128

Estadísticas de ping para 192.168.5.240:
    Paquetes: enviados = 10, recibidos = 10, perdidos = 0
    (0% perdidos),
Tiempos aproximados de ida y vuelta en milisegundos:
    Mínimo = 0ms, Máximo = 0ms, Media = 0ms
Control-C
^C
```

h) Consultar la resolución de un host por un número de solicitudes de ECO (6 solicitudes de ECO).
   A un servidor local.
```
Z:\>PING  -a -n 6  192.168.5.240

Haciendo ping a SVRPRINC00 [192.168.5.240] con 32 bytes de datos:
Respuesta desde 192.168.5.240: bytes=32 tiempo<1m TTL=128
Respuesta desde 192.168.5.240: bytes=32 tiempo<1m TTL=128
Respuesta desde 192.168.5.240: bytes=32 tiempo<1m TTL=128
Respuesta desde 192.168.5.240: bytes=32 tiempo<1m TTL=128
Respuesta desde 192.168.5.240: bytes=32 tiempo<1m TTL=128
Respuesta desde 192.168.5.240: bytes=32 tiempo<1m TTL=128

Estadísticas de ping para 192.168.5.240:
    Paquetes: enviados = 6, recibidos = 6, perdidos = 0
    (0% perdidos),
Tiempos aproximados de ida y vuelta en milisegundos:
    Mínimo = 0ms, Máximo = 0ms, Media = 0ms
```
A un servidor de google.
```
Z:\>PING  -a -n 6  8.8.8.8

Haciendo ping a google-public-dns-a.google.com [8.8.8.8] con 32 bytes de datos:
Respuesta desde 8.8.8.8: bytes=32 tiempo=16ms TTL=51
Respuesta desde 8.8.8.8: bytes=32 tiempo=16ms TTL=51
Respuesta desde 8.8.8.8: bytes=32 tiempo=16ms TTL=51
Respuesta desde 8.8.8.8: bytes=32 tiempo=16ms TTL=51
Respuesta desde 8.8.8.8: bytes=32 tiempo=16ms TTL=51
Respuesta desde 8.8.8.8: bytes=32 tiempo=16ms TTL=51

Estadísticas de ping para 8.8.8.8:
    Paquetes: enviados = 6, recibidos = 6, perdidos = 0
    (0% perdidos),
Tiempos aproximados de ida y vuelta en milisegundos:
    Mínimo = 16ms, Máximo = 16ms, Media = 16ms
```

i) Cancelar la ejecución de ping ^+C, que tiene fijado un número de solicitudes a 30.
```
Z:\>PING  -n 30  8.8.8.8

Haciendo ping a 8.8.8.8 con 32 bytes de datos:
Respuesta desde 8.8.8.8: bytes=32 tiempo=16ms TTL=51
Respuesta desde 8.8.8.8: bytes=32 tiempo=16ms TTL=51
Respuesta desde 8.8.8.8: bytes=32 tiempo=16ms TTL=51
Respuesta desde 8.8.8.8: bytes=32 tiempo=16ms TTL=51
Respuesta desde 8.8.8.8: bytes=32 tiempo=16ms TTL=51
Respuesta desde 8.8.8.8: bytes=32 tiempo=16ms TTL=51
Respuesta desde 8.8.8.8: bytes=32 tiempo=16ms TTL=51
Respuesta desde 8.8.8.8: bytes=32 tiempo=16ms TTL=51
Respuesta desde 8.8.8.8: bytes=32 tiempo=16ms TTL=51

Estadísticas de ping para 8.8.8.8:
    Paquetes: enviados = 9, recibidos = 9, perdidos = 0
    (0% perdidos),
Tiempos aproximados de ida y vuelta en milisegundos:
    Mínimo = 16ms, Máximo = 16ms, Media = 16ms
Control-C
^C
```

j) Solicitar ECO a un nombre de servidor concreto.
```
Z:\>PING SVRPRINC00

Haciendo ping a SVRPRINC00 [192.168.5.240] con 32 bytes de datos:
Respuesta desde 192.168.5.240: bytes=32 tiempo<1m TTL=128
Respuesta desde 192.168.5.240: bytes=32 tiempo<1m TTL=128
Respuesta desde 192.168.5.240: bytes=32 tiempo<1m TTL=128
Respuesta desde 192.168.5.240: bytes=32 tiempo<1m TTL=128

Estadísticas de ping para 192.168.5.240:
    Paquetes: enviados = 4, recibidos = 4, perdidos = 0
    (0% perdidos),
Tiempos aproximados de ida y vuelta en milisegundos:
    Mínimo = 0ms, Máximo = 0ms, Media = 0ms
```

k) Se establece en la transmisión la no fragmentación de los paquetes de ECO.
```
Z:\>PING -f -a  192.168.5.240

Haciendo ping a SVRPRINC00 [192.168.5.240] con 32 bytes de datos:
Respuesta desde 192.168.5.240: bytes=32 tiempo<1m TTL=128
Respuesta desde 192.168.5.240: bytes=32 tiempo<1m TTL=128
Respuesta desde 192.168.5.240: bytes=32 tiempo<1m TTL=128
Respuesta desde 192.168.5.240: bytes=32 tiempo<1m TTL=128

Estadísticas de ping para 192.168.5.240:
    Paquetes: enviados = 4, recibidos = 4, perdidos = 0
```

l) Periodo de vida de los paquetes.
```
Z:\>PING  -i 5   8.8.8.8

Haciendo ping a 8.8.8.8 con 32 bytes de datos:
Tiempo de espera agotado para esta solicitud.
Tiempo de espera agotado para esta solicitud.
Tiempo de espera agotado para esta solicitud.
Tiempo de espera agotado para esta solicitud.

Estadísticas de ping para 8.8.8.8:
    Paquetes: enviados = 4, recibidos = 0, perdidos = 4
    (100% perdidos),

Z:\>PING  -i 7   8.8.8.8

Haciendo ping a 8.8.8.8 con 32 bytes de datos:
Tiempo de espera agotado para esta solicitud.
Tiempo de espera agotado para esta solicitud.
Tiempo de espera agotado para esta solicitud.
Tiempo de espera agotado para esta solicitud.

Estadísticas de ping para 8.8.8.8:
    Paquetes: enviados = 4, recibidos = 0, perdidos = 4
    (100% perdidos),

Z:\>PING  -i 10  8.8.8.8

Haciendo ping a 8.8.8.8 con 32 bytes de datos:
Respuesta desde 216.239.48.249: TTL expirado en tránsito.
Respuesta desde 216.239.48.249: TTL expirado en tránsito.
Respuesta desde 216.239.48.249: TTL expirado en tránsito.
Respuesta desde 216.239.48.249: TTL expirado en tránsito.

Estadísticas de ping para 8.8.8.8:
    Paquetes: enviados = 4, recibidos = 4, perdidos = 0
    (0% perdidos),

Z:\>PING  -i 9   8.8.8.8

Haciendo ping a 8.8.8.8 con 32 bytes de datos:
Respuesta desde 72.14.234.231: TTL expirado en tránsito.
Respuesta desde 72.14.234.231: TTL expirado en tránsito.
Respuesta desde 72.14.234.231: TTL expirado en tránsito.
Respuesta desde 72.14.234.231: TTL expirado en tránsito.

Estadísticas de ping para 8.8.8.8:
    Paquetes: enviados = 4, recibidos = 4, perdidos = 0
    (0% perdidos),

Z:\>PING  -i 8   8.8.8.8

Haciendo ping a 8.8.8.8 con 32 bytes de datos:
Respuesta desde 5.53.1.74: TTL expirado en tránsito.
Respuesta desde 5.53.1.74: TTL expirado en tránsito.
Respuesta desde 5.53.1.74: TTL expirado en tránsito.
Respuesta desde 5.53.1.74: TTL expirado en tránsito.

Estadísticas de ping para 8.8.8.8:
    Paquetes: enviados = 4, recibidos = 4, perdidos = 0
    (0% perdidos),

Z:\>PING  -i 88  8.8.8.8

Haciendo ping a 8.8.8.8 con 32 bytes de datos:
Respuesta desde 8.8.8.8: bytes=32 tiempo=16ms TTL=51
Respuesta desde 8.8.8.8: bytes=32 tiempo=16ms TTL=51
Respuesta desde 8.8.8.8: bytes=32 tiempo=16ms TTL=51
Respuesta desde 8.8.8.8: bytes=32 tiempo=16ms TTL=51

Estadísticas de ping para 8.8.8.8:
    Paquetes: enviados = 4, recibidos = 4, perdidos = 0
    (0% perdidos),
Tiempos aproximados de ida y vuelta en milisegundos:
    Mínimo = 16ms, Máximo = 16ms, Media = 16ms
```

> Valor del intervalo válido es de 1 a 255.

m) Comprobar el registro de la ruta de saltos de cuenta (solo IPv4)..
```
Z:\>PING  -r 15  8.8.8.8
Valor incorrecto para la opción -r, el intervalo válido es de 1 a 9.
```

```
Z:\>PING  -r 9   8.8.8.8

Haciendo ping a 8.8.8.8 con 32 bytes de datos:
Tiempo de espera agotado para esta solicitud.
Tiempo de espera agotado para esta solicitud.
Tiempo de espera agotado para esta solicitud.
Tiempo de espera agotado para esta solicitud.

Estadísticas de ping para 8.8.8.8:
    Paquetes: enviados = 4, recibidos = 0, perdidos = 4
    (100% perdidos),
```

> Valor o rango valido para la cuenta de la ruta de saltos esta comprendido entre 1 y 9.

n) Tamaño del buffer de envío. Establecer el tamaño del buffer.
```
Z:\>PING  -l 512   8.8.8.8

Haciendo ping a 8.8.8.8 con 512 bytes de datos:
Respuesta desde 8.8.8.8: bytes=512 tiempo=18ms TTL=51
Respuesta desde 8.8.8.8: bytes=512 tiempo=16ms TTL=51
Respuesta desde 8.8.8.8: bytes=512 tiempo=16ms TTL=51
Respuesta desde 8.8.8.8: bytes=512 tiempo=16ms TTL=51

Estadísticas de ping para 8.8.8.8:
    Paquetes: enviados = 4, recibidos = 4, perdidos = 0
    (0% perdidos),
Tiempos aproximados de ida y vuelta en milisegundos:
    Mínimo = 16ms, Máximo = 18ms, Media = 16ms
```

o) Establecer el tiempo de saltos de cuenta (solo IPv4).
```
Z:\>PING  -s 4   8.8.8.8

Haciendo ping a 8.8.8.8 con 32 bytes de datos:
Tiempo de espera agotado para esta solicitud.
Tiempo de espera agotado para esta solicitud.
Tiempo de espera agotado para esta solicitud.
Tiempo de espera agotado para esta solicitud.

Estadísticas de ping para 8.8.8.8:
    Paquetes: enviados = 4, recibidos = 0, perdidos = 4
    (100% perdidos),

Z:\>PING  -s 4   -i 51 8.8.8.8

Haciendo ping a 8.8.8.8 con 32 bytes de datos:
Tiempo de espera agotado para esta solicitud.
Tiempo de espera agotado para esta solicitud.
Tiempo de espera agotado para esta solicitud.
Tiempo de espera agotado para esta solicitud.

Estadísticas de ping para 8.8.8.8:
    Paquetes: enviados = 4, recibidos = 0, perdidos = 4
    (100% perdidos),
```

p) Establecer el tiempo de espera en milisegundos para cada respuesta.
```
Z:\>PING  -w 5   8.8.8.8

Haciendo ping a 8.8.8.8 con 32 bytes de datos:
Respuesta desde 8.8.8.8: bytes=32 tiempo=16ms TTL=51
Respuesta desde 8.8.8.8: bytes=32 tiempo=16ms TTL=51
Respuesta desde 8.8.8.8: bytes=32 tiempo=16ms TTL=51
Respuesta desde 8.8.8.8: bytes=32 tiempo=16ms TTL=51

Estadísticas de ping para 8.8.8.8:
    Paquetes: enviados = 4, recibidos = 4, perdidos = 0
    (0% perdidos),
Tiempos aproximados de ida y vuelta en milisegundos:
    Mínimo = 16ms, Máximo = 16ms, Media = 16ms

Z:\>PING  -w 3   8.8.8.8

Haciendo ping a 8.8.8.8 con 32 bytes de datos:
Respuesta desde 8.8.8.8: bytes=32 tiempo=16ms TTL=51
Respuesta desde 8.8.8.8: bytes=32 tiempo=16ms TTL=51
Respuesta desde 8.8.8.8: bytes=32 tiempo=16ms TTL=51
Respuesta desde 8.8.8.8: bytes=32 tiempo=16ms TTL=51

Estadísticas de ping para 8.8.8.8:
    Paquetes: enviados = 4, recibidos = 4, perdidos = 0
    (0% perdidos),
Tiempos aproximados de ida y vuelta en milisegundos:
    Mínimo = 16ms, Máximo = 16ms, Media = 16ms
```

```
Z:\>PING  -w 2    8.8.8.8

Haciendo ping a 8.8.8.8 con 32 bytes de datos:
Respuesta desde 8.8.8.8: bytes=32 tiempo=16ms TTL=51
Respuesta desde 8.8.8.8: bytes=32 tiempo=16ms TTL=51
Respuesta desde 8.8.8.8: bytes=32 tiempo=16ms TTL=51
Respuesta desde 8.8.8.8: bytes=32 tiempo=16ms TTL=51

Estadísticas de ping para 8.8.8.8:
    Paquetes: enviados = 4, recibidos = 4, perdidos = 0
    (0% perdidos),
Tiempos aproximados de ida y vuelta en milisegundos:
    Mínimo = 16ms, Máximo = 16ms, Media = 16ms

Z:\>PING  -w 1    8.8.8.8

Haciendo ping a 8.8.8.8 con 32 bytes de datos:
Respuesta desde 8.8.8.8: bytes=32 tiempo=16ms TTL=51
Respuesta desde 8.8.8.8: bytes=32 tiempo=16ms TTL=51
Respuesta desde 8.8.8.8: bytes=32 tiempo=16ms TTL=51
Respuesta desde 8.8.8.8: bytes=32 tiempo=16ms TTL=51

Estadísticas de ping para 8.8.8.8:
    Paquetes: enviados = 4, recibidos = 4, perdidos = 0
    (0% perdidos),
Tiempos aproximados de ida y vuelta en milisegundos:
    Mínimo = 16ms, Máximo = 16ms, Media = 16ms

Z:\>PING  -w 20    8.8.8.8

Haciendo ping a 8.8.8.8 con 32 bytes de datos:
Tiempo de espera agotado para esta solicitud.
Respuesta desde 8.8.8.8: bytes=32 tiempo=16ms TTL=51
Respuesta desde 8.8.8.8: bytes=32 tiempo=16ms TTL=51
Respuesta desde 8.8.8.8: bytes=32 tiempo=16ms TTL=51

Estadísticas de ping para 8.8.8.8:
    Paquetes: enviados = 4, recibidos = 3, perdidos = 1
    (25% perdidos),
Tiempos aproximados de ida y vuelta en milisegundos:
    Mínimo = 16ms, Máximo = 16ms, Media = 16ms

C:\Windows\system32>PING -w 15    8.8.8.8

Haciendo ping a 8.8.8.8 con 32 bytes de datos:
Respuesta desde 8.8.8.8: bytes=32 tiempo=14ms TTL=57
Respuesta desde 8.8.8.8: bytes=32 tiempo=15ms TTL=57
Respuesta desde 8.8.8.8: bytes=32 tiempo=15ms TTL=57
Respuesta desde 8.8.8.8: bytes=32 tiempo=15ms TTL=57

Estadísticas de ping para 8.8.8.8:
    Paquetes: enviados = 4, recibidos = 4, perdidos = 0
    (0% perdidos),
Tiempos aproximados de ida y vuelta en milisegundos:
    Mínimo = 14ms, Máximo = 15ms, Media = 14ms

C:\Windows\system32>PING -w 18    8.8.8.8

Haciendo ping a 8.8.8.8 con 32 bytes de datos:
Respuesta desde 8.8.8.8: bytes=32 tiempo=15ms TTL=57
Respuesta desde 8.8.8.8: bytes=32 tiempo=16ms TTL=57
Respuesta desde 8.8.8.8: bytes=32 tiempo=15ms TTL=57
Respuesta desde 8.8.8.8: bytes=32 tiempo=15ms TTL=57

Estadísticas de ping para 8.8.8.8:
    Paquetes: enviados = 4, recibidos = 4, perdidos = 0
    (0% perdidos),
Tiempos aproximados de ida y vuelta en milisegundos:
    Mínimo = 15ms, Máximo = 16ms, Media = 15ms

C:\Windows\system32>PING -w 118 8.8.8.8

Haciendo ping a 8.8.8.8 con 32 bytes de datos:
Respuesta desde 8.8.8.8: bytes=32 tiempo=15ms TTL=57
Respuesta desde 8.8.8.8: bytes=32 tiempo=15ms TTL=57
Respuesta desde 8.8.8.8: bytes=32 tiempo=18ms TTL=57
Respuesta desde 8.8.8.8: bytes=32 tiempo=15ms TTL=57

Estadísticas de ping para 8.8.8.8:
    Paquetes: enviados = 4, recibidos = 4, perdidos = 0
    (0% perdidos),
Tiempos aproximados de ida y vuelta en milisegundos:
```

```
            Mínimo = 15ms, Máximo = 18ms, Media = 15ms
```
q) Establecer la dirección de origen, para el ping (para acceder a los routers).
```
    Z:\>PING -S 192.168.10.5    8.8.8.8

    Haciendo ping a 8.8.8.8 desde 192.168.10.5 con 32 bytes de datos:
    PING: error en la transmisión. Error general.
    PING: error en la transmisión. Error general.
    PING: error en la transmisión. Error general.
    PING: error en la transmisión. Error general.

    Estadísticas de ping para 8.8.8.8:
        Paquetes: enviados = 4, recibidos = 0, perdidos = 4
        (100% perdidos),

    Z:\>PING -S LOCALHOST    8.8.8.8

    Haciendo ping a 8.8.8.8 desde 127.0.0.1 con 32 bytes de datos:
    PING: error en la transmisión. Error general.
    PING: error en la transmisión. Error general.
    PING: error en la transmisión. Error general.
    PING: error en la transmisión. Error general.

    Estadísticas de ping para 8.8.8.8:
        Paquetes: enviados = 4, recibidos = 0, perdidos = 4
        (100% perdidos),
```

PASO 4.2: PING ejecutado desde el SERVIDOR

a) Se comprueba en un servidor de Windows 2012 R2 Server, el efecto del mismo comando en un cliente Windows 10.
```
    C:\Windows\system32>PING -J  8.8.8.8

    Haciendo ping a 8.8.8.8 con 32 bytes de datos:
    Error general.
    Error general.
    Error general.
    Error general.

    Estadísticas de ping para 8.8.8.8:
        Paquetes: enviados = 4, recibidos = 0, perdidos = 4
        (100% perdidos),
```
b) Ping normal a una IP.
```
    C:\Windows\system32>PING 8.8.8.8

    Haciendo ping a 8.8.8.8 con 32 bytes de datos:
    Respuesta desde 8.8.8.8: bytes=32 tiempo=16ms TTL=51
    Respuesta desde 8.8.8.8: bytes=32 tiempo=16ms TTL=51
    Respuesta desde 8.8.8.8: bytes=32 tiempo=16ms TTL=51
    Respuesta desde 8.8.8.8: bytes=32 tiempo=16ms TTL=51

    Estadísticas de ping para 8.8.8.8:
        Paquetes: enviados = 4, recibidos = 4, perdidos = 0
        (0% perdidos),
    Tiempos aproximados de ida y vuelta en milisegundos:
        Mínimo = 16ms, Máximo = 16ms, Media = 16ms
```

c) Ruta de origen no estricta para lista-host y se establece una IP obligatoria de salida.
```
    C:\Windows\system32>PING -J 192.168.5.240   -S 127.0.0.1   8.8.8.8

    Haciendo ping a 8.8.8.8 desde 127.0.0.1 con 32 bytes de datos:
    PING: error en la transmisión. Error general.
    PING: error en la transmisión. Error general.
    PING: error en la transmisión. Error general.
    PING: error en la transmisión. Error general.

    Estadísticas de ping para 8.8.8.8:
        Paquetes: enviados = 4, recibidos = 0, perdidos = 4
        (100% perdidos),
```

d) Establecer ping utilizando IPv6, desde dos servidores diferentes tiene dos tarjetas diferentes (::2004, ::200e).
```
    C:\Windows\system32>PING -6 GOOGLE.ES

    Haciendo ping a google.es [2a00:1450:4003:805::2003] con 32 bytes de datos:
    Tiempo de espera agotado para esta solicitud.
    Tiempo de espera agotado para esta solicitud.
    Tiempo de espera agotado para esta solicitud.
    Tiempo de espera agotado para esta solicitud.

    Estadísticas de ping para 2a00:1450:4003:805::2003:
        Paquetes: enviados = 4, recibidos = 0, perdidos = 4
        (100% perdidos),
```

```
C:\Windows\system32>PING -6 GOOGLE.COM

Haciendo ping a google.com [2a00:1450:4003:805::200e] con 32 bytes de datos:
Tiempo de espera agotado para esta solicitud.
Tiempo de espera agotado para esta solicitud.
Tiempo de espera agotado para esta solicitud.
Tiempo de espera agotado para esta solicitud.

Estadísticas de ping para 2a00:1450:4003:805::200e:
    Paquetes: enviados = 4, recibidos = 0, perdidos = 4
    (100% perdidos),
```

PASO 5: Configuración y visualización de direcciones IP. IPCONFIG

Comando o aplicación de consola que muestra los valores de configuración de red de TCP/IP actuales y actualiza o regenera la configuración del protocolo DHCP y el sistema de nombres de dominio (DNS). Han existido herramientas con interfaz gráfica denominadas winipcfg (Windows 98) y wntipcfg (Windows NT).

IPCONFIG

a) Visualizar por defecto los valores de la tarjeta de red.

```
Z:\> IPCONFIG
Configuración IP de Windows

Adaptador de Ethernet Ethernet:

    Sufijo DNS específico para la conexión. . :
    Dirección IPv4. . . . . . . . . . . . . . : 192.168.5.240
    Máscara de subred . . . . . . . . . . . . : 255.255.255.0
    Puerta de enlace predeterminada . . . . . : 192.168.5.1

Adaptador de túnel isatap.{25AABFF4-914D-41F7-8E22-BBE28F9ADAFE}:
                              UUID/GUID

    Estado de los medios. . . . . . . . . . . : medios desconectados
    Sufijo DNS específico para la conexión. . :
```

b) Visualizar toda la información de la tarjeta de red.

```
Z:\> IPCONFIG /ALL
Configuración IP de Windows

    Nombre de host. . . . . . . . . : SVRPRINC00
    Sufijo DNS principal  . . . . . : bspWeb.local
    Tipo de nodo. . . . . . . . . . : híbrido
    Enrutamiento IP habilitado. . . : no
    Proxy WINS habilitado . . . . . : no
    Lista de búsqueda de sufijos DNS: bspWeb.local

Adaptador de Ethernet Ethernet:

    Sufijo DNS específico para la conexión. . :
    Descripción . . . . . . . . . . . . . . . : Adaptador de escritorio Intel(R) PRO/1000 MT
    Dirección física. . . . . . . . . . . . . : 08-00-27-F4-EA-76
    DHCP habilitado . . . . . . . . . . . . . : no
    Configuración automática habilitada . . . : sí
    Dirección IPv4. . . . . . . . . . . . . . : 192.168.5.240(Preferido)
    Máscara de subred . . . . . . . . . . . . : 255.255.255.0
    Puerta de enlace predeterminada . . . . . : 192.168.5.1
    Servidores DNS. . . . . . . . . . . . . . : 127.0.0.1
    NetBIOS sobre TCP/IP. . . . . . . . . . . : habilitado

Adaptador de túnel isatap.{25AABFF4-914D-41F7-8E22-BBE28F9ADAFE}:

    Estado de los medios. . . . . . . . . . . : medios desconectados
    Sufijo DNS específico para la conexión. . :
    Descripción . . . . . . . . . . . . . . . : Adaptador ISATAP de Microsoft
    Dirección física. . . . . . . . . . . . . : 00-00-00-00-00-00-00-E0    (64 BITS -     EUI-64 (MAC+FFFE))
    DHCP habilitado . . . . . . . . . . . . . : no
    Configuración automática habilitada . . . : sí
```

c) Renovar los adaptadores de red (DHCP) Asignar una dirección IP nueva.

IPCONFIG /RENEW
IPCONFIG /RENEW6

DHCP habilitado: indica si el servicio DHCP está habilitado o no.

Configuración automática habilitada: indica si tenemos la configuración de nuestra red en forma automática.

Vínculo: dirección IPv6 local: muestra nuestra la dirección IPv6 de nuestra máquina (en SO que lo admitan).

Dirección IPv4: muestra la dirección IP actual de nuestra máquina.

Máscara de subred: muestra cual es la máscara de subred de nuestra red.

Puerta de enlace predeterminada: muestra la IP de la puerta de enlace (normalmente la de nuestro router).

Servidor DHCP: muestra la IP del servidor DHCP al que estamos conectados.

IAID DHCPv6: muestra la información sobre DHCP en la versión IPv6 (en SO que lo admiten).

Servidores DNS: muestra la IP de los servidores DNS a los que estamos conectados.

d) Visualizar los servidores DNS (utilizados y en caché).

```
Z:\> PCONFIG    /DISPLAYDNS
```

Configuración IP de Windows

    _ldap._tcp.svrprinc00.bspweb.local

    No existe el nombre.

    isatap

    No existe el nombre.

    wpad

    No existe el nombre.

    _ldap._tcp.default-first-site-name._sites.svrprinc00.bspweb.local
    ----
    No existe el nombre.

    292455c0-55c1-45ea-a032-d737a1ad5776._msdcs.bspweb.local

    Nombre de registro . : 292455c0-55c1-45ea-a032-d737a1ad5776._msdcs.bspWeb.local
    Tipo de registro .. : 5
    Período de vida ... : 159
    Longitud de datos .. : 8
    Sección .... : respuesta
    Registro CNAME. . . . : svrprinc00.bspWeb.local
....

Configuración IP de Windows

    dc20.sauces.local

    Nombre de registro . : dc20.sauces.local
    Tipo de registro .. : 1
    Período de vida ... : 328
    Longitud de datos .. : 4
    Sección .... : respuesta
    Un registro (host). . : 192.168.20.20

    s177775138.t.eloqua.com

    Nombre de registro . : s177775138.t.eloqua.com
    Tipo de registro .. : 5
    Período de vida ... : 16964
    Longitud de datos .. : 8
    Sección .... : respuesta
    Registro CNAME. . . . : p03.t.eloqua.com

    lh3.googleusercontent.com

    Nombre de registro . : lh3.googleusercontent.com
    Tipo de registro .. : 5
    Período de vida ... : 42
    Longitud de datos .. : 8
    Sección .... : respuesta
    Registro CNAME. . . . : googlehosted.l.googleusercontent.com

    s2026391005.t.eloqua.com

    Nombre de registro . : s2026391005.t.eloqua.com
    Tipo de registro .. : 5
    Período de vida ... : 16802
    Longitud de datos .. : 8
    Sección .... : respuesta
    Registro CNAME. . . . : p03.t.eloqua.com

    _ldap._tcp.default-first-site-name._sites.gc._msdcs.sauces.local
    ----
    Nombre de registro . : _ldap._tcp.Default-First-Site-Name._sites.gc._msdcs.sauces.local
    Tipo de registro .. : 33
    Período de vida ... : 269
    Longitud de datos .. : 16
    Sección .... : respuesta
    Registro SRV. . . . . : dc20.sauces.local
                            0
                            100
                            3268

    Nombre de registro . : dc20.sauces.local
    Tipo de registro .. : 1
    Período de vida ... : 269
    Longitud de datos .. : 4
    Sección .... : adicional
    Un registro (host). . : 192.168.20.20

    wer.microsoft.com

    Nombre de registro . : wer.microsoft.com
    Tipo de registro .. : 5
    Período de vida ... : 129
    Longitud de datos .. : 8
    Sección .... : respuesta
    Registro CNAME. . . . : wer.microsoft.com.nsatc.net

    safebrowsing.google.com

    Nombre de registro . : safebrowsing.google.com
    Tipo de registro .. : 5
    Período de vida ... : 91
    Longitud de datos .. : 8
    Sección .... : respuesta
    Registro CNAME. . . . : sb.l.google.com

    wpad

    No existe el nombre.

    cs9.wac.phicdn.net

    Nombre de registro . : cs9.wac.phicdn.net
    Tipo de registro .. : 1
    Período de vida ... : 571
    Longitud de datos .. : 4
    Sección .... : respuesta
    Un registro (host). . : 93.184.220.29

    rs.gwallet.com

    Nombre de registro . : rs.gwallet.com
    Tipo de registro .. : 1
    Período de vida ... : 3299
    Longitud de datos .. : 4
    Sección .... : respuesta
    Un registro (host). . : 208.146.36.221

    update.virtualbox.org

    Nombre de registro . : update.virtualbox.org
    Tipo de registro .. : 1
    Período de vida ... : 4117
    Longitud de datos .. : 4
    Sección .... : respuesta
    Un registro (host). . : 137.254.60.34

    ixivfxtumic

    No existe el nombre.

    dc20

    Nombre de registro . : DC20.sauces.local
    Tipo de registro .. : 1
    Período de vida ... : 398
    Longitud de datos .. : 4
    Sección .... : respuesta
    Un registro (host). . : 192.168.20.20

    teredo.ipv6.microsoft.com

```
                    -----------------------------------                    Registro SRV. . . . . : dc20.sauces.local
    Nombre de registro . : teredo.ipv6.microsoft.com                                             0
    Tipo de registro . . : 5                                                                     100
    Período de vida . . . : 1533                                                                 389
    Longitud de datos . . : 8
    Sección . . . . . . . : respuesta
    Registro CNAME. . . . : teredo.ipv6.microsoft.com.nsatc.net            Nombre de registro . : dc20.sauces.local
                                                                           Tipo de registro . . : 1
    teredo.ipv6.microsoft.com                                              Período de vida . . . : 385
    -----------------------------------                                    Longitud de datos . . : 4
    Nombre de registro . : teredo.ipv6.microsoft.com                       Sección . . . . . . . : adicional
    Tipo de registro . . : 5                                               Un registro (host). . : 192.168.20.20
    Período de vida . . . : 1533
    Longitud de datos . . : 8
    Sección . . . . . . . : respuesta                                      safebrowsing-cache.google.com
    Registro CNAME. . . . : teredo.ipv6.microsoft.com.nsatc.net            -----------------------------------
                                                                           Nombre de registro . : safebrowsing-cache.google.com
    teredo.ipv6.microsoft.com                                              Tipo de registro . . : 5
    -----------------------------------                                    Período de vida . . . : 114
    Nombre de registro . : teredo.ipv6.microsoft.com                       Longitud de datos . . : 8
    Tipo de registro . . : 5                                               Sección . . . . . . . : respuesta
    Período de vida . . . : 1533                                           Registro CNAME. . . . : safebrowsing.cache.l.google.com
    Longitud de datos . . : 8
    Sección . . . . . . . : respuesta
    Registro CNAME. . . . : teredo.ipv6.microsoft.com.nsatc.net            xkwwvxgeytx
                                                                           -----------------------------------
    ocsp.digicert.com                                                      No existe el nombre.
    -----------------------------------
    Nombre de registro . : ocsp.digicert.com
    Tipo de registro . . : 5                                               brcoutlrrpdun
    Período de vida . . . : 571                                            -----------------------------------
    Longitud de datos . . : 8                                              No existe el nombre.
    Sección . . . . . . . : respuesta
    Registro CNAME. . . . : cs9.wac.phicdn.net
                                                                           cisco-tags.cisco.com
                                                                           -----------------------------------
    _ldap._tcp.pdc._msdcs.sauces.local                                     Nombre de registro . : cisco-tags.cisco.com
    -----------------------------------                                    Tipo de registro . . : 1
    Nombre de registro . : _ldap._tcp.pdc._msdcs.sauces.local              Período de vida . . . : 11778
    Tipo de registro . . : 33                                              Longitud de datos . . : 4
    Período de vida . . . : 385                                            Sección . . . . . . . : respuesta
    Longitud de datos . . : 16                                             Un registro (host). . : 72.163.10.10
    Sección . . . . . . . : respuesta
```

e) Comprobar si existe algún servidor DNS, DHCP.
```
    Z:\> IPCONFIG    /registerDNS
    Configuración IP de Windows

    Se inició el registro de los registros de recursos DNS para todos los adaptadores de este equipo.
    Cualquier error se notificará en el Visor de eventos en 15 minutos.
```

f) Visualizar todas las direcciones IP, disponibles en un servidor DHCPv4, DHCPv6.
    IPCONFIG /SHOWCLASSID
    IPCONFIG /SHOWCLASSID6

> Un compartimento es una combinación de un conjunto de interfaces asociada a una sesión de usuario, ya que dispone de su propia tabla de enrutamiento privada.

g) Refrescar la caché.
    IPCONFIG /FLUSHDNS

h) Liberar direcciones IPS.
    IPCONFIG /RELEASE
    IPCONFIG /RELEASE6

i) Recursos compartidos. VISUALIZAR INFORMACIÓN DE LOS COMPARTIMENTOS.
```
    Z\> IPCONFIG    /ALLCOMPARTMENTS
    Configuración IP de Windows

    ==============================================================================
    Información de red para compartimiento 1 (ACTIVA)
    ==============================================================================

    Adaptador de Ethernet Ethernet:

        Sufijo DNS específico para la conexión. . :
        Dirección IPv4. . . . . . . . . . . . . . : 192.168.5.240
        Máscara de subred . . . . . . . . . . . . : 255.255.255.0
        Puerta de enlace predeterminada . . . . . : 192.168.5.1
```

> Compartimentos de enrutamiento.
> La Interfaz pertenece a solo un compartimiento

```
Adaptador de túnel isatap.{25AABFF4-914D-41F7-8E22-BBE28F9ADAFE}:

    Estado de los medios. . . . . . . . . . : medios desconectados
    Sufijo DNS específico para la conexión. . :
        IPCONFIG  /ALLCOMPARTMENTS  /ALL            (todos los recursos incluso los ocultos)
Configuración IP de Windows
```

```
===========================================================================
Información de red para compartimiento 1 (ACTIVA)
===========================================================================
    Nombre de host. . . . . . . . . : SVRPRINC00
    Sufijo DNS principal  . . . . . : bspWeb.local
    Tipo de nodo. . . . . . . . . . : híbrido
    Enrutamiento IP habilitado. . . : no
    Proxy WINS habilitado . . . . . : no
    Lista de búsqueda de sufijos DNS: bspWeb.local
```

> Uso para aislar tráfico entre interfaces virtuales VPN, sesiones tipo terminal server.

```
Adaptador de Ethernet Ethernet:

    Sufijo DNS específico para la conexión. . :
    Descripción . . . . . . . . . . . . . . . : Adaptador de escritorio Intel(R)
PRO/1000 MT
    Dirección física. . . . . . . . . . . . . : 08-00-27-F4-EA-76
    DHCP habilitado . . . . . . . . . . . . . : no
    Configuración automática habilitada . . . : sí
    Dirección IPv4. . . . . . . . . . . . . . : 192.168.5.240(Preferido)
    Máscara de subred . . . . . . . . . . . . : 255.255.255.0
    Puerta de enlace predeterminada . . . . . : 192.168.5.1
    Servidores DNS. . . . . . . . . . . . . . : 127.0.0.1
    NetBIOS sobre TCP/IP. . . . . . . . . . . : habilitado

Adaptador de túnel isatap.{25AABFF4-914D-41F7-8E22-BBE28F9ADAFE}:

    Estado de los medios. . . . . . . . . . . : medios desconectados
    Sufijo DNS específico para la conexión. . :
    Descripción . . . . . . . . . . . . . . . : Adaptador ISATAP de Microsoft
    Dirección física. . . . . . . . . . . . . : 00-00-00-00-00-00-00-E0
    DHCP habilitado . . . . . . . . . . . . . : no
    Configuración automática habilitada . . . : sí
```

j) Modificar la dirección IP asignada por SERVIDOR DHCP respecto a los objetos.
   IPCONFIG /SETCLASSID
   IPCONFIG /SETCLASSID6

k) Visualizar información de los adaptadores y .. DHCP para IPv4.
```
Z:\> IPCONFIG    /SHOWCLASSID    *
Configuración IP de Windows

No hay clases DHCPv4 definidas para Conexión de área local.
No hay clases DHCPv4 definidas para VirtualBox Host-Only Network.
No hay clases DHCPv4 definidas para Conexión de área local 2.
No se puede modificar el id. de clase DHCPv4 para el adaptador Loopback Pseudo-Interface 1: El
sistema no puede encontrar el archivo especificado.
```

l) Visualizar información de los adaptadores y .. DCHP para IPv6.
   IPCONFIG /SHOWCLASSID6 *

m) Visualizar toda la información de componentes, las interfaces y los compartimentos
   IPCONFIG /ALLCOMPARTMENTS
   IPCONFIG /ALLCOMPARTMENTS /ALL
```
Z:\> IPCONFIG    /ALLCOMPARTMENTS    /ALL
Configuración IP de Windows


===========================================================================
Información de red para compartimiento 1 (ACTIVA)
===========================================================================
    Nombre de host. . . . . . . . . : i7-PC
    Sufijo DNS principal  . . . . . :
    Tipo de nodo. . . . . . . . . . : híbrido
    Enrutamiento IP habilitado. . . : no
    Proxy WINS habilitado . . . . . : no

Adaptador de LAN inalámbrica Conexión de área local* 2:

    Estado de los medios. . . . . . . . . . . : medios desconectados
    Sufijo DNS específico para la conexión. . :
```

```
        Descripción . . . . . . . . . . . . . . . . . : Microsoft Wi-Fi Direct Virtual Adapter
        Dirección física. . . . . . . . . . . . . . . : 68-5D-43-E2-34-EE
        DHCP habilitado . . . . . . . . . . . . . . . : sí
        Configuración automática habilitada . . . . . : sí

Adaptador de Ethernet vEthernet (Mi tarjeta de red i7):

        Estado de los medios. . . . . . . . . . . . . : medios desconectados
        Sufijo DNS específico para la conexión. . :
        Descripción . . . . . . . . . . . . . . . . . : Hyper-V Virtual Ethernet Adapter
        Dirección física. . . . . . . . . . . . . . . : 5C-F9-DD-40-96-17
        DHCP habilitado . . . . . . . . . . . . . . . : no
        Configuración automática habilitada . . . . . : sí

Adaptador de LAN inalámbrica Conexión de red inalámbrica:

        Estado de los medios. . . . . . . . . . . . . : medios desconectados
        Sufijo DNS específico para la conexión. . : home
        Descripción . . . . . . . . . . . . . . . . . : Intel(R) Centrino(R) Wireless-N 2230
        Dirección física. . . . . . . . . . . . . . . : 68-5D-43-E2-34-ED
        DHCP habilitado . . . . . . . . . . . . . . . : sí
        Configuración automática habilitada . . . . . : sí

Adaptador de Ethernet Conexión de red Bluetooth 2:

        Estado de los medios. . . . . . . . . . . . . : medios desconectados
        Sufijo DNS específico para la conexión. . :
        Descripción . . . . . . . . . . . . . . . . . : Bluetooth Device (Personal Area Network)
        Dirección física. . . . . . . . . . . . . . . : 68-5D-43-E2-34-F1
        DHCP habilitado . . . . . . . . . . . . . . . : sí
        Configuración automática habilitada . . . . . : sí

Adaptador de túnel Teredo Tunneling Pseudo-Interface:

        Estado de los medios. . . . . . . . . . . . . : medios desconectados
        Sufijo DNS específico para la conexión. . :
        Descripción . . . . . . . . . . . . . . . . . : Teredo Tunneling Pseudo-Interface
        Dirección física. . . . . . . . . . . . . . . : 00-00-00-00-00-00-00-E0
        DHCP habilitado . . . . . . . . . . . . . . . : no
        Configuración automática habilitada . . . . . : sí

Adaptador de túnel isatap.{92B23EBE-1997-47B0-B8B8-4842FC71041D}:

        Estado de los medios. . . . . . . . . . . . . : medios desconectados
        Sufijo DNS específico para la conexión. . :
        Descripción . . . . . . . . . . . . . . . . . : Microsoft ISATAP Adapter #5
        Dirección física. . . . . . . . . . . . . . . : 00-00-00-00-00-00-00-E0
        DHCP habilitado . . . . . . . . . . . . . . . : no
        Configuración automática habilitada . . . . . : sí
```

PASO 6: Visualizar la información completa de la tarjeta de red. NIC desde WMIC.

WMIC (Windows Management Instrumentation Command-line), es una herramienta de administración para Windows que permite no solo obtener información sino realizar acciones.

- Dentro de cada alias podemos encontrar varios valores y sobre los cuales podemos realizar acciones.
- Nos puede servir para obtener valores del sistema.
- Se puede cambiar valores de los atributos de ciertos objetos.

a) Utilizar la aplicación WMIC en la línea de comandos del sistema Ooperativo. Windows Manager Interface Console.
   C:\> WMIC
   Accedemos a la aplicación WMIC, y nos aparece el prompt de la aplicación WMIC.
   wmic:root\cli>

b) Obtener la ayuda de los comandos WMIC, dentro de la aplicación.
   wmic:root\cli>   /?

c) Visualizar la información de las tarjetas de red. NIC, la información aparece sin ordenación.
   wmic:root\cli>   NIC

d) Visualizar en formato de lista, toda la información de las tarjetas de red NIC.
   wmic:root\cli> NIC LIST FULL
   ```
   AdapterType=
   AutoSense=
   Availability=3
   ConfigManagerErrorCode=
   ConfigManagerUserConfig=
   Description=WAN Miniport (IP)
   DeviceID=14
   ErrorCleared=
   ErrorDescription=
   Index=14
   ```

```
        InstallDate=
        Installed=TRUE
        LastErrorCode=
        MACAddress=
        Manufacturer=
        MaxNumberControlled=0
        MaxSpeed=
        Name=WAN Miniport (IP)
        NetConnectionID=
        NetConnectionStatus=
        NetworkAddresses=
        PermanentAddress=
        PNPDeviceID=
        PowerManagementCapabilities=
        PowerManagementSupported=FALSE
        ProductName=WAN Miniport (IP)
        ServiceName=
        Speed=
        Status=
        StatusInfo=
        TimeOfLastReset=20161012001436.497655+120
```

e) Visualizar la misma información del pto. d) ejecutándolo desde la línea de comandos.
   C:\> WMIC NIC LIST FULL

f) Realizar un flush DNS.
   C:\> WMIC NICCONFIG CALL FLUSHDNS

g) Ver el número de serie de la BIOS de un Ordenador.
   C:\> WMIC BIOS GET SERIALNUMBER

h) Visualizar los recursos compartidos del Sistema en formato de tabla.

```
C:\Windows\system32>wmic share list /format:table
AccessMask   AllowMaximum   Description                                InstallDate  MaximumAllowed  Name
Path                                       Status   Type
             TRUE           Admin remota                                                            ADMIN$
C:\Windows                                 OK       2147483648
             TRUE           Recurso predeterminado                                                  C$
C:\                                        OK       2147483648
             TRUE           Recurso predeterminado                                                  D$
D:\                                        OK       2147483648
             TRUE           Recurso predeterminado                                                  F$
F:\                                        OK       2147483648
             TRUE           Recurso predeterminado                                                  G$
G:\                                        OK       2147483648
             TRUE           Recurso predeterminado                                                  H$
H:\                                        OK       2147483648
             TRUE           HP LaserJet 1022 Class Driver                                           HP LaserJet 1022
Class Driver   HP LaserJet 1022 Class Driver,LocalsplOnly   OK      1
             TRUE           HP LaserJet 6L PS Class Driver                                          HP LaserJet 6L PS
Class Driver   HP LaserJet 6L PS Class Driver,LocalsplOnly  OK      1
             TRUE           IPC remota                                                              IPC$
OK     2147483651
             TRUE           Controladores de impresora                                              print$
C:\WINDOWS\system32\spool\drivers          OK       0
             TRUE                                                                                   TRANSITO
F:\TRANSITO                                OK       0
             TRUE                                                                                   Users
C:\Users                                   OK       0
```

PASO 7: Identificación equipo, SID, FQDN. WHOAMI

Esta utilidad se puede usar para obtener el destino de información, junto con los respectivos identificadores de seguridad (SID), notificaciones, privilegios, identificador de inicio de sesión.

a) Visualizar información del dominio.
   WHOAMI

b) Visualizar por defecto.
   WHOAMI
   bspweb\administrador

c) Visualizar el nombre del usuario principal (UPN).
   WHOAMI /UPN
   administrador@bspweb.local

d) Visualizar el nombre completamente cualificado.
   Z:\> WHOAMI /FQDN
   CN=Administrador,CN=Users,DC=bspWeb,DC=local

e) Visualizar los usuarios del dominio.
   Z:\> WHOAMI /USER
   INFORMACIÓN DE USUARIO

```
----------------------
Nombre de usuario    SID
==================== ============================================
bspweb\administrador S-1-5-21-2298800814-2528216055-1890261488-500

        WHOAMI    /USER    /FO  CSV
        WHOAMI    /USER    /FO  LIST
        WHOAMI    /USER    /FO  TABLE
```

f) Visualizar los usuarios del dominio con formato delimitador CSV (Entre comillas y delimitado por comas".
   ```
   C:\Windows\system32>WHOAMI  /USER  /FO  CSV
   ```
   "Nombre de usuario","SID"
   "bspweb\administrador","S-1-5-21-2298800814-2528216055-1890261488-500"

g) Visualizar los usuarios del dominio con formato LISTA.
   ```
   C:\Windows\system32>WHOAMI  /USER  /FO  LIST
   INFORMACIÓN DE USUARIO
   ----------------------

   Nombre de usuario: bspweb\administrador
   SID:               S-1-5-21-2298800814-2528216055-1890261488-500
   ```

h) Visualizar la información de grupos.
   ```
   WHOAMI  /GROUPS
   WHOAMI  /GROUPS       /FO  CSV
   WHOAMI  /GROUPS       /FO  LIST
   WHOAMI  /GROUPS       /FO  TABLE
   Z:\> WHOAMI    /GROUPS    /FO   TABLE

   Nombre de grupo                                              Tipo
        SID                                  Atributos


   ============================================================ ==============
   = ====================================================== ===============================
   ========================================================
   Todos                                                        Grupo conocid
   o S-1-1-0                              Grupo obligatorio, Habilitado de manera predeter-
   minada, Grupo habilitado
   BUILTIN\Administradores                                      Alias
      S-1-5-32-544                        Grupo obligatorio, Habilitado de manera predeter-
   minada, Grupo habilitado, Propietario de grupo
   BUILTIN\Usuarios                                             Alias
      S-1-5-32-545                        Grupo obligatorio, Habilitado de
    manera predeterminada, Grupo habilitado
   BUILTIN\Acceso compatible con versiones anteriores de Windows 2000 Alias
      S-1-5-32-554                        Grupo obligatorio, Habilitado de
    manera predeterminada, Grupo habilitado
   NT AUTHORITY\INTERACTIVE                                     Grupo conocid
   o S-1-5-4                              Grupo obligatorio, Habilitado de
    manera predeterminada, Grupo habilitado
   INICIO DE SESIÓN EN LA CONSOLA                               Grupo conocid
   o S-1-2-1                              Grupo obligatorio, Habilitado de
    manera predeterminada, Grupo habilitado
   NT AUTHORITY\Usuarios autentificados                         Grupo conocid
   o S-1-5-11                             Grupo obligatorio, Habilitado de
    manera predeterminada, Grupo habilitado
   NT AUTHORITY\Esta compañía                                   Grupo conocid
   o S-1-5-15                             Grupo obligatorio, Habilitado de
    manera predeterminada, Grupo habilitado
   LOCAL                                                        Grupo conocid
   o S-1-2-0                              Grupo obligatorio, Habilitado de
    manera predeterminada, Grupo habilitado
   BSPWEB\Propietarios del creador de directivas de grupo       Grupo
      S-1-5-21-2298800814-2528216055-1890261488-520 Grupo obligatorio, Habilitado de
    manera predeterminada, Grupo habilitado
   BSPWEB\Admins. del dominio                                   Grupo
      S-1-5-21-2298800814-2528216055-1890261488-512 Grupo obligatorio, Habilitado de
    manera predeterminada, Grupo habilitado
   BSPWEB\Administradores de empresas                           Grupo
      S-1-5-21-2298800814-2528216055-1890261488-519 Grupo obligatorio, Habilitado de
    manera predeterminada, Grupo habilitado
   BSPWEB\Administradores de esquema                            Grupo
      S-1-5-21-2298800814-2528216055-1890261488-518 Grupo obligatorio, Habilitado de
    manera predeterminada, Grupo habilitado
   Identidad afirmada de la autoridad de autenticación          Grupo conocid
   o S-1-18-1                             Grupo obligatorio, Habilitado de
    manera predeterminada, Grupo habilitado
   BSPWEB\Grupo de replicación de contraseña RODC denegada      Alias
      S-1-5-21-2298800814-2528216055-1890261488-572 Grupo obligatorio, Habilitado de
   ```

```
            manera predeterminada, Grupo habilitado, Grupo local
            Etiqueta obligatoria\Nivel obligatorio alto                    Etiqueta
               S-1-16-12288
```

i) Visualizar las Notificaciones de KERBEROS.
   WHOAMI   /CLAIMS

```
C:\Windows\system32>WHOAMI       /CLAIMS

INFORMACIÓN DE NOTIFICACIONES DE USUARIO
----------------------

Notificaciones de usuario desconocidas.

Se ha deshabilitado la compatibilidad de Kerberos para el control de acceso dinámico en es-
te dispositivo.


        WHOAMI    /CLAIMS    /FO    CSV
        WHOAMI    /CLAIMS    /FO    LIST
        WHOAMI    /CLAIMS    /FO    TABLE
```

j) Visualizar los privilegios, descripción y estado de los objetos.
   WHOAMI   /PRIV

```
Z:\> WHOAMI      /PRIV

INFORMACIÓN DE PRIVILEGIOS
--------------------------

Nombre de privilegio            Descripción
                                Estado
============================= ============================================================
============================= ============
SeIncreaseQuotaPrivilege        Ajustar las cuotas de la memoria para un proceso
                                Deshabilitado
SeMachineAccountPrivilege       Agregar estaciones de trabajo al dominio
                                Deshabilitado
SeSecurityPrivilege             Administrar registro de seguridad y auditoría
                                Deshabilitado
SeTakeOwnershipPrivilege        Tomar posesión de archivos y otros objetos
                                Deshabilitado
SeLoadDriverPrivilege           Cargar y descargar controladores de dispositivo
                                Deshabilitado
SeSystemProfilePrivilege        Generar perfiles del rendimiento del sistema
                                Deshabilitado
SeSystemtimePrivilege           Cambiar la hora del sistema
                                Deshabilitado
SeProfileSingleProcessPrivilege Generar perfiles de un solo proceso
                                Deshabilitado
SeIncreaseBasePriorityPrivilege Aumentar prioridad de programación
                                Deshabilitado
SeCreatePagefilePrivilege       Crear un archivo de paginación
                                Deshabilitado
SeBackupPrivilege               Hacer copias de seguridad de archivos y director
ios                             Deshabilitado
SeRestorePrivilege              Restaurar archivos y directorios
                                Deshabilitado
SeShutdownPrivilege             Apagar el sistema
                                Deshabilitado
SeDebugPrivilege                Depurar programas
                                Deshabilitado
SeSystemEnvironmentPrivilege    Modificar valores de entorno firmware
                                Deshabilitado
SeChangeNotifyPrivilege         Omitir comprobación de recorrido
                                Habilitada
SeRemoteShutdownPrivilege       Forzar cierre desde un sistema remoto
                                Deshabilitado
SeUndockPrivilege               Quitar equipo de la estación de acoplamiento
                                Deshabilitado
SeEnableDelegationPrivilege     Habilitar confianza con el equipo y las cuentas
de usuario para delegación      Deshabilitado
SeManageVolumePrivilege         Realizar tareas de mantenimiento del volumen
                                Deshabilitado
SeImpersonatePrivilege          Suplantar a un cliente tras la autenticación
                                Habilitada
SeCreateGlobalPrivilege         Crear objetos globales
                                Habilitada
SeIncreaseWorkingSetPrivilege   Aumentar el espacio de trabajo de un proceso
                                Deshabilitado
SeTimeZonePrivilege             Cambiar la zona horaria
                                Deshabilitado
SeCreateSymbolicLinkPrivilege   Crear vínculos simbólicos
```

```
                                Deshabilitado
```
k) Visualizar información de la conexión actual, el SID.
   WHOAMI /LOGONID
```
   Z:\> WHOAMI /LOGONID
   S-1-5-5-0-118150
```

l) Visualizar toda la información, del usuario, grupo SID información de los privilegios, notificaciones.
   WHOAMI /ALL
```
   Z:\> WHOAMI /ALL

   INFORMACIÓN DE USUARIO
   ----------------------

   Nombre de usuario      SID
   ===================== ========================================
   bspweb\administrador  S-1-5-21-2298800814-2528216055-1890261488-500ACIÓN DE GRUPO
   --------------------

   Nombre de grupo                                               Tipo
     SID                                   Atributos

   ================================================================ ==============
   = ==============================================  ===============================
   ==========================================================
   Todos                                                         Grupo conocid
   o S-1-1-0                             Grupo obligatorio, Habilitado de
    manera predeterminada, Grupo habilitado
   BUILTIN\Administradores                                       Alias
      S-1-5-32-544                       Grupo obligatorio, Habilitado de
    manera predeterminada, Grupo habilitado, Propietario de grupo
   BUILTIN\Usuarios                                              Alias
      S-1-5-32-545                       Grupo obligatorio, Habilitado de
    manera predeterminada, Grupo habilitado
   BUILTIN\Acceso compatible con versiones anteriores de Windows 2000 Alias
      S-1-5-32-554                       Grupo obligatorio, Habilitado de
    manera predeterminada, Grupo habilitado
   NT AUTHORITY\INTERACTIVE                                      Grupo conocid
   o S-1-5-4                             Grupo obligatorio, Habilitado de
    manera predeterminada, Grupo habilitado
   INICIO DE SESIÓN EN LA CONSOLA                                Grupo conocid
   o S-1-2-1                             Grupo obligatorio, Habilitado de
    manera predeterminada, Grupo habilitado
   NT AUTHORITY\Usuarios autentificados                          Grupo conocid
   o S-1-5-11                            Grupo obligatorio, Habilitado de
    manera predeterminada, Grupo habilitado
   NT AUTHORITY\Esta compañía                                    Grupo conocid
   o S-1-5-15                            Grupo obligatorio, Habilitado de
    manera predeterminada, Grupo habilitado
   LOCAL                                                         Grupo conocid
   o S-1-2-0                             Grupo obligatorio, Habilitado de
    manera predeterminada, Grupo habilitado
   BSPWEB\Propietarios del creador de directivas de grupo        Grupo
      S-1-5-21-2298800814-2528216055-1890261488-520 Grupo obligatorio, Habilitado de
    manera predeterminada, Grupo habilitado
   BSPWEB\Admins. del dominio                                    Grupo
      S-1-5-21-2298800814-2528216055-1890261488-512 Grupo obligatorio, Habilitado de
    manera predeterminada, Grupo habilitado
   BSPWEB\Administradores de empresas                            Grupo
      S-1-5-21-2298800814-2528216055-1890261488-519 Grupo obligatorio, Habilitado de
    manera predeterminada, Grupo habilitado
   BSPWEB\Administradores de esquema                             Grupo
      S-1-5-21-2298800814-2528216055-1890261488-518 Grupo obligatorio, Habilitado de
    manera predeterminada, Grupo habilitado
   Identidad afirmada de la autoridad de autenticación           Grupo conocid
   o S-1-18-1                            Grupo obligatorio, Habilitado de
    manera predeterminada, Grupo habilitado
   BSPWEB\Grupo de replicación de contraseña RODC denegada       Alias
      S-1-5-21-2298800814-2528216055-1890261488-572 Grupo obligatorio, Habilitado de
    manera predeterminada, Grupo habilitado, Grupo local
   Etiqueta obligatoria\Nivel obligatorio alto                   Etiqueta
      S-1-16-12288


   INFORMACIÓN DE PRIVILEGIOS
   --------------------------

   Nombre de privilegio           Descripción
                                  Estado
   ============================= ================================================
   ============================= ==============
   SeIncreaseQuotaPrivilege       Ajustar las cuotas de la memoria para un proceso
```

```
                                   Deshabilitado
    SeMachineAccountPrivilege      Agregar estaciones de trabajo al dominio
                                   Deshabilitado
    SeSecurityPrivilege            Administrar registro de seguridad y auditoría
                                   Deshabilitado
    SeTakeOwnershipPrivilege       Tomar posesión de archivos y otros objetos
                                   Deshabilitado
    SeLoadDriverPrivilege          Cargar y descargar controladores de dispositivo
                                   Deshabilitado
    SeSystemProfilePrivilege       Generar perfiles del rendimiento del sistema
                                   Deshabilitado
    SeSystemtimePrivilege          Cambiar la hora del sistema
                                   Deshabilitado
    SeProfileSingleProcessPrivilege Generar perfiles de un solo proceso
                                   Deshabilitado
    SeIncreaseBasePriorityPrivilege Aumentar prioridad de programación
                                   Deshabilitado
    SeCreatePagefilePrivilege      Crear un archivo de paginación
                                   Deshabilitado
    SeBackupPrivilege              Hacer copias de seguridad de archivos y director
    ios                            Deshabilitado
    SeRestorePrivilege             Restaurar archivos y directorios
                                   Deshabilitado
    SeShutdownPrivilege            Apagar el sistema
                                   Deshabilitado
    SeDebugPrivilege               Depurar programas
                                   Deshabilitado
    SeSystemEnvironmentPrivilege   Modificar valores de entorno firmware
                                   Deshabilitado
    SeChangeNotifyPrivilege        Omitir comprobación de recorrido
                                   Habilitada
    SeRemoteShutdownPrivilege      Forzar cierre desde un sistema remoto
                                   Deshabilitado
    SeUndockPrivilege              Quitar equipo de la estación de acoplamiento
                                   Deshabilitado
    SeEnableDelegationPrivilege    Habilitar confianza con el equipo y las cuentas
    de usuario para delegación Deshabilitado
    SeManageVolumePrivilege        Realizar tareas de mantenimiento del volumen
                                   Deshabilitado
    SeImpersonatePrivilege         Suplantar a un cliente tras la autenticación
                                   Habilitada
    SeCreateGlobalPrivilege        Crear objetos globales
                                   Habilitada
    SeIncreaseWorkingSetPrivilege  Aumentar el espacio de trabajo de un proceso
                                   Deshabilitado
    SeTimeZonePrivilege            Cambiar la zona horaria
                                   Deshabilitado
    SeCreateSymbolicLinkPrivilege  Crear vínculos simbólicos
                                   Deshabilitado


INFORMACIÓN DE NOTIFICACIONES DE USUARIO
-----------------------

Notificaciones de usuario desconocidas.

Se ha deshabilitado la compatibilidad de Kerberos para el control de acceso dinámico en este
dispositivo
```

PRÁCTICA 2: Configurar estructura de Red: UO, grupos y usuarios.

DESCRIPCIÓN:

¿Qué es una Unidad Organizativa (OU)?

La unidad organizativa es un tipo de objeto de directorio muy útil incluido en los dominios. Las unidades organizativas son contenedores de Active Directory en los que puede colocar usuarios, grupos, equipos y otras unidades organizativas. Una unidad organizativa no puede contener objetos de otros dominios.

Una unidad organizativa es el ámbito o unidad más pequeña a la que se pueden asignar configuraciones de Directiva de grupo o en la que se puede delegar la autoridad administrativa. Con las unidades organizativas, puede crear contenedores dentro de un dominio que representan las estructuras lógicas y jerárquicas existentes dentro de una organización. Esto permite administrar la configuración y el uso de cuentas y recursos, en función de su modelo organizativo. Es una forma de organizar y jerarquizar en contenedoresen los grupos, usuarios, máquinas y objetos, asignando permisos de acceso, etc...

¿Qué es un Grupo AD DS?

Un grupo es un conjunto de cuentas de usuario y de equipo, contactos y otros grupos que se pueden administrar como una sola unidad. Los usuarios y los equipos que pertenecen a un grupo determinado se denominan miembros del grupo.

Los grupos de Servicios de dominio de Active Directory (AD DS) son objetos de directorio que residen en un dominio y en objetos contenedores de unidad organizativa (OU). AD DS proporciona un conjunto de grupos predeterminados cuando se instala y también incluye una opción para crearlos.

Los grupos de AD DS se pueden usar para:
- Simplificar la administración al asignar los permisos para un recurso compartido a un grupo en lugar de a usuarios individuales. Cuando se asignan permisos a un grupo, se concede el mismo acceso al recurso a todos los miembros de dicho grupo.
- Delegar la administración asignando derechos de usuario a un grupo una sola vez mediante la directiva de grupo. Después, a ese grupo le puede agregar miembros que desee que tengan los mismos derechos que el grupo.
- Crear listas de distribución de correo electrónico.

Los grupos se caracterizan por su ámbito y su tipo.
- **El ámbito de un grupo determina el alcance del grupo dentro de un dominio o bosque**: Grupos locales de dominio, Grupos globales, Grupos Universales.
- El tipo de grupo determina si se puede usar un grupo para asignar permisos desde un recurso compartido (para grupos de seguridad) o si se puede usar un grupo solo para las listas de distribución de correo electrónico (para grupos de distribución).

También existen grupos cuyas pertenencias a grupos no se pueden ver ni modificar. Estos grupos se conocen con el nombre de **identidades especiales**. Representan a distintos usuarios en distintas ocasiones, en función de las circunstancias. Por ejemplo, el grupo Todos es una identidad especial que representa a todos los usuarios actuales de la red, incluidos invitados y usuarios de otros dominios.

¿Qué es un Usuario AD DS?

Las cuentas de usuario de Active Directory representan entidades físicas, como personas. También las puede usar como cuentas de servicio dedicadas para algunas aplicaciones.

A veces, las cuentas de usuario también se denominan entidades de seguridad. Las entidades de seguridad son objetos de directorio a los que se asignan automáticamente identificadores de seguridad (SID), que se pueden usar para obtener acceso a recursos del dominio. Principalmente, una cuenta de usuario:

- **Autentica la identidad de un usuario:** Una cuenta de usuario permite que un usuario inicie sesión en equipos y dominios con una identidad que el dominio pueda autenticar. Un usuario que inicia sesión en la red debe tener una cuenta de usuario y una contraseña propias y únicas. Para maximizar la seguridad, evite que varios usuarios compartan una misma cuenta.
- **Autoriza o deniega el acceso a los recursos del dominio**: Después de que un usuario se autentica, se le concede o se le deniega el acceso a los recursos del dominio en función de los permisos explícitos que se le hayan asignado en el recurso.

PASO 1: Visualizar unidades compartidas NET

a) Visualizar las unidades compartidas.
   NET USE
   ```
   C:\Windows\SYSVOL\sysvol\bspWeb.local>NET USE
   Se registrarán las nuevas conexiones.

   No hay entradas en la lista.
   ```

b) Visualizar los recursos compartidos.
   NET SHARE
   ```
   C:\Windows\SYSVOL\sysvol\bspWeb.local>NET SHARE
   ```

> **Deshabilita los recursos compartidos rápidamente en Windows**
> Acceder a REGEDIT y buscar:
> **HKEY_LOCAL_MACHINE\System\CurrentControlSet\Services\lanmanserver\parameters**
> Una vez que lleguemos ahí debemos crear un valor DWORD en parameters con el nombre **AutoShareWks** y cuyo valor sea 0.

```
Nombre          Recurso                                 Descripción
-----------------------------------------------------------------------------
C$              C:\                                     Recurso predeterminado
IPC$                                                    IPC remota
ADMIN$          C:\Windows                              Admin remotaCARPETADEUSUARIOS
                C:\Windows\SYSVOL\sysvol\bspWeb.local\repaso
NETLOGON        C:\Windows\SYSVOL\sysvol\bspWeb.local\SCRIPTS
                                                        Recurso compartido del servidor...
SYSVOL          C:\Windows\SYSVOL\sysvol                Recurso compartido del servidor...
Se ha completado el comando correctamente.
```

> **NOTA:** un recurso compartido oculto: **nombre$**

PASO 2: Compartir el recurso NET USE

a) Compartir el recurso. Visualizar las variagles de ambiente de red que comienzan por LOGO.
   SET LOGO
   ```
   C:\Windows\SYSVOL\sysvol\bspWeb.local>SET LOGO
   LOGONSERVER=\\SVRPRINC00
           NET  USE M:    %LOGONSERVER%\CARPETADEUSUARIOS
           NET  USE  M:    \\SVRPRINC00\CARPETADEUSUARIOS
   ```

b) Comando NET.

b.1) Asignar un recurso compartido a una unidad.
   Crear directorio
   Lo creamos dentro del dominio
   ```
   c:\windows\sysvol\sysvol\bspweb.local>MD    repaso
   ```

> **Recursos compartidos**
> Volumen de disco: **C$, D$,...**
> Carpeta de Sistema Operativo: **ADMIN$**
> Caché Fax: Carpeta que contiene envío de fax, **FAX$**.
> Comunicación entre procesos: **IPC$**
> Carpeta de impresoras: **PRINT$**
> Controladores de dominio: **SYSVOL, NETLO-GON** no tiene $

b.2) Acceder al entorno gráfico de Windows para compartir el recurso. Se realiza en formato gráfico ya que es mucho más fácil asignar los permisos de comportación.

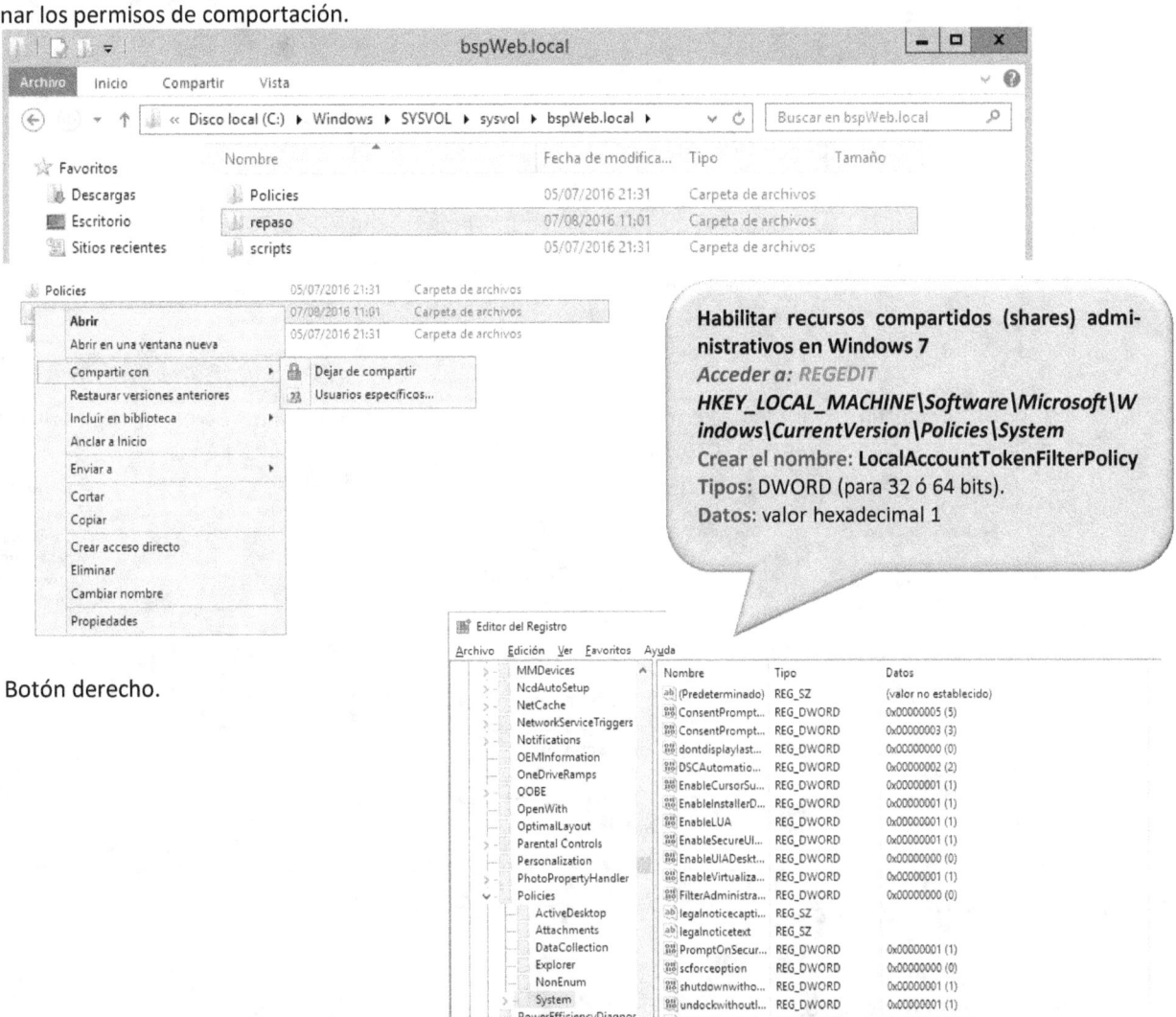

> **Habilitar recursos compartidos (shares) administrativos en Windows 7**
> *Acceder a: REGEDIT*
> **HKEY_LOCAL_MACHINE\Software\Microsoft\Windows\CurrentVersion\Policies\System**
> Crear el nombre: **LocalAccountTokenFilterPolicy**
> Tipos: DWORD (para 32 ó 64 bits).
> Datos: valor hexadecimal 1

Repaso.
   Botón derecho.

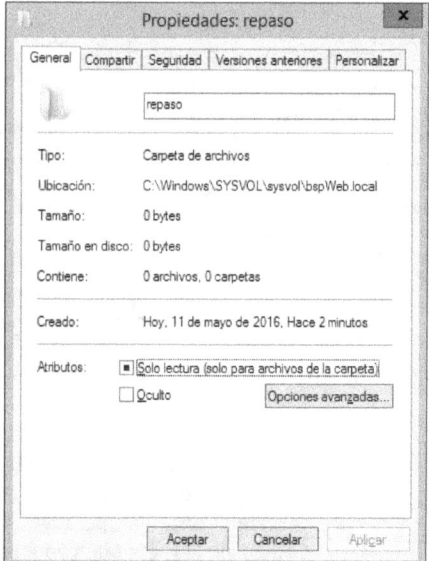

Solapa compartir.
Seleccionar el botón **Compartir...**
Aparece la ventana de Permisos de los recursos compartidos

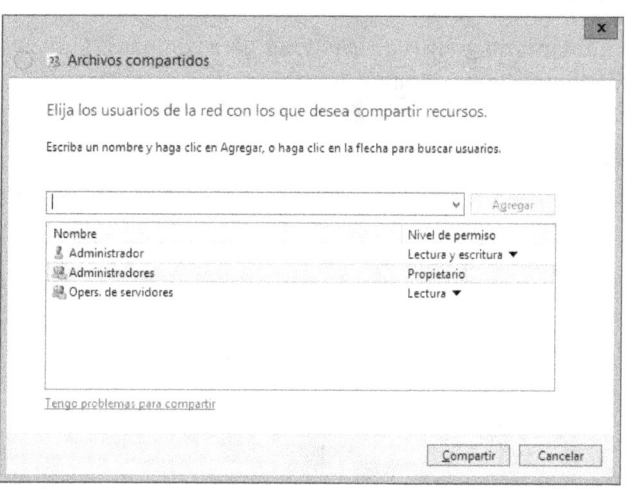

Botón **Uso compartido Avanzado...** Permite establecer los permisos personalizados y crear múltiples recursos compartidos y definir otras opciones avanzadas para compartir

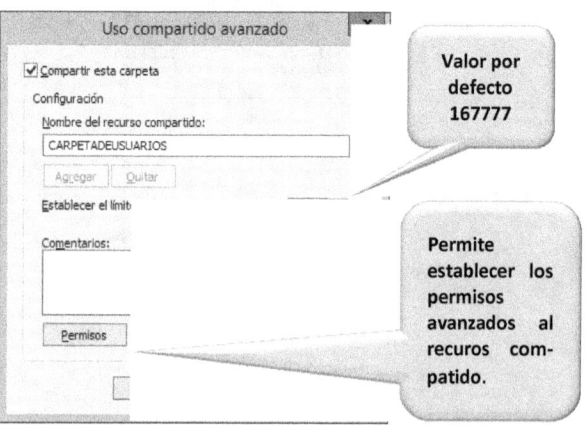
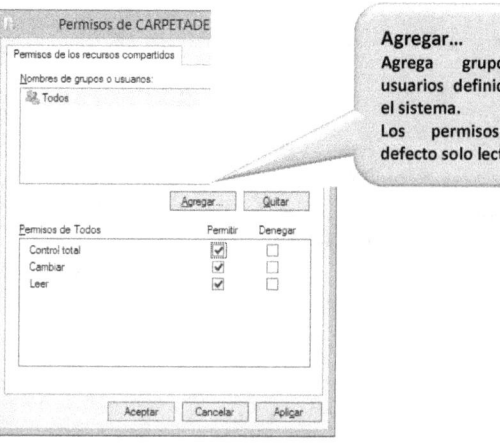

PASO 2.1: Preguntar recursos compartidos NET SHARE

    NET USE
    NET SHARE

a) En un servidor de dominio.

```
C:\Windows\SYSVOL\sysvol\bspWeb.local>NET USE
Se registrarán las nuevas conexiones.


Estado       Local      Remoto                           Red
-------------------------------------------------------------------------------
Conectado    M:         \\SVRPRINC00\CARPETADEUSUARIOS
```

```
                                            Microsoft Windows Network
        Se ha completado el comando correctamente.


        C:\Windows\SYSVOL\sysvol\bspWeb.local>NET SHARE

        Nombre         Recurso                          Descripción
        -------------------------------------------------------------------------------
        C$             C:\                              Recurso predeterminado
        IPC$                                            IPC remota
        ADMIN$         C:\Windows                       Admin remota
        CARPETADEUSUARIOS
                       C:\Windows\SYSVOL\sysvol\bspWeb.local\repaso

        CARPETAUSER    C:\Windows\SYSVOL\sysvol\bspWeb.local

        NETLOGON       C:\Windows\SYSVOL\sysvol\bspWeb.local\SCRIPTS
                                                        Recurso compartido del servidor...
        SYSVOL         C:\Windows\SYSVOL\sysvol         Recurso compartido del servidor...
        Se ha completado el comando correctamente.
```

b) Visualizar los recursos compartidos en un equipo local.

```
        C:\Users\aprendiz>NET SHARE

        Nombre         Recurso                          Descripción
        -------------------------------------------------------------------------------
        ADMIN$         C:\Windows                       Admin remota
        C$             C:\                              Recurso predeterminado
        D$             D:\                              Recurso predeterminado
        F$             F:\                              Recurso predeterminado
        H$             H:\                              Recurso predeterminado
        IPC$                                            IPC remota
        print$         C:\WINDOWS\system32\spool\drivers
                                                        Controladores de impresora
        TRANSITO       F:\TRANSITO
        Users          C:\Users
        HP LaserJet 1022 Class Driver
                                                 En cola  HP LaserJet 1022 Class Driver
        HP LaserJet 6L PS Class Driver
                                                 En cola  HP LaserJet 6L PS Class Driver
        Se ha completado el comando correctamente.
```

> Listar los recursos compartidos de un servidor Windows desde Linux:
> smbclient -L *nombre_de_host* -U%
> **# smbclient -L \\SVRPRINC00**
> **# smbclient -L \\SVRPRINC00 -U%**

PASO 3: Crear grupos y consultas grupos. NET GROUP
a) Crear grupos y consultar los grupos del sistema.
a.1) Consultar los grupos en el sistema Operativo.

```
        NET  GROUP
        C:\Windows\SYSVOL\sysvol\bspWeb.local>NET GROUP
        Cuentas de grupo de \\SVRPRINC00

        -------------------------------------------------------------------------------
        *Administradores de empresas
        *Administradores de esquema
        *Admins. del dominio
        *Controladores de dominio
        *Controladores de dominio clonables
        *Controladores de dominio de sólo lectura
        *DnsUpdateProxy
        *Enterprise Domain Controllers de sólo lectura
        *Equipos del dominio
        *Invitados del dominio
        *Propietarios del creador de directivas de grupo
        *Protected Users
        *Usuarios del dominio
        Se ha completado el comando correctamente.
```

PASO 4: Agregar un grupo NET GROUP
a) Agregar un grupo al sistema operativo dentro de un dominio, como Grupo de Seguridad. No se establecen permisos.

```
        NET  GROUP  SMR22    /ADD
        NET  GROUP  SMR22    /ADD  /DOMAIN
        NET  GROUP
        NET  GROUP  SEGUNDO    /ADD  /DOMAIN
```

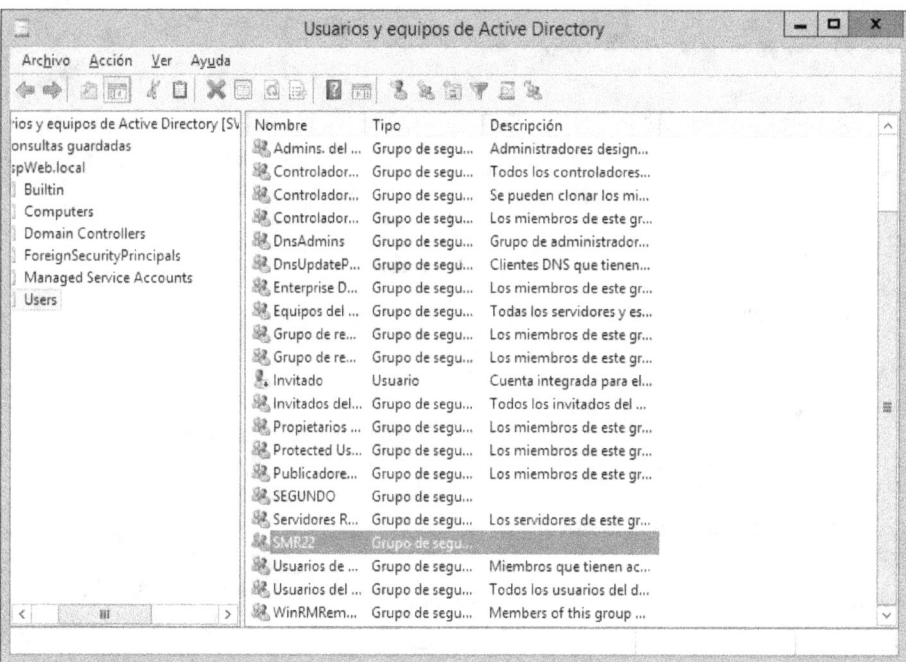

PASO 5: Agregar/visualiza/borrar grupos locales NET LOCALGROUP

a) Ayuda en línea de comandos sobre el comando de grupos locales.
```
C:\Windows\system32>NET LOCALGROUP   /?
```

b) Visualizar los grupos locales.
```
C:\Windows\system32>NET LOCALGROUP

Alias para \\SVR-BSP-00

----------------------------------------
*Administradores
*Administradores de DHCP
*Administradores de Hyper-V
*Certificate Service DCOM Access
*Duplicadores
*IIS_IUSRS
*Invitados
*Lectores del registro de eventos
*Operadores criptográficos
*Operadores de asistencia de control de acceso
*Operadores de configuración de red
*Operadores de copia de seguridad
*Opers. de impresión
*Servidores de acceso remoto RDS
*Servidores de administración RDS
*Servidores de extremo RDS
*Usuarios
*Usuarios avanzados
*Usuarios COM distribuidos
*Usuarios de administración remota
*Usuarios de DHCP
*Usuarios de escritorio remoto
*Usuarios del monitor de sistema
*Usuarios del registro de rendimiento
*WinRMRemoteWMIUsers__
Se ha completado el comando correctamente.
```

> NET LOCALGROUP [grupo [/COMMENT:"texto"]] [/DOMAIN]
> grupo {/ADD [/COMMENT:"texto"] | /DELETE} [/DOMAIN]
> grupo nombre [...] {/ADD | /DELETE} [/DOMAIN]

c) Agregar un grupo local más un comentario, el comentario debe escribirse entre doble comillas.
```
C:\Windows\system32>NET LOCALGROUP  AULOS-APROBADOS   /COMMENT:"MIS ALUMNOS APRO-
BADOS"   /ADD
Se ha completado el comando correctamente.
C:\Windows\system32>net localgroup AULOS-APROBADOS-ASIR /ADD
Se ha completado el comando correctamente.
```

d) Consultar los grupos locales, del sistema operativo.
```
C:\Windows\system32>NET LOCALGROUP

Alias para \\SVR-BSP-00
-------------------------------------------------------------------------------
*Administradores
*Administradores de DHCP
*Administradores de Hyper-V
*AULOS-APROBADOS
*AULOS-APROBADOS-ASIR
```

```
*Certificate Service DCOM Access
*Duplicadores
*IIS_IUSRS
*Invitados
*Lectores del registro de eventos
*Operadores criptográficos
*Operadores de asistencia de control de acceso
*Operadores de configuración de red
*Operadores de copia de seguridad
*Opers. de impresión
*Servidores de acceso remoto RDS
*Servidores de administración RDS
*Servidores de extremo RDS
*Usuarios
*Usuarios avanzados
*Usuarios COM distribuidos
*Usuarios de administración remota
*Usuarios de DHCP
*Usuarios de escritorio remoto
*Usuarios del monitor de sistema
*Usuarios del registro de rendimiento
*WinRMRemoteWMIUsers__
Se ha completado el comando correctamente.
```

e) Borrar un grupo local. Se debe especificar el nombre completo.
```
C:\Windows\system32>NET LOCALGROUP AULOS-APROBADOS-ASIR /DELETE
Se ha completado el comando correctamente.
```

f) Comprobar que se ha borrado el grupo local, basta con mostrar los grupos locales que ya no existe.
```
C:\Windows\system32>NET LOCALGROUP

Alias para \\SVR-BSP-00
-------------------------------------------------------------------------------
*Administradores
*Administradores de DHCP
*Administradores de Hyper-V
*AULOS-APROBADOS
*Certificate Service DCOM Access
*Duplicadores
*IIS_IUSRS
*Invitados
*Lectores del registro de eventos
*Operadores criptográficos
*Operadores de asistencia de control de acceso
*Operadores de configuración de red
*Operadores de copia de seguridad
*Opers. de impresión
*Servidores de acceso remoto RDS
*Servidores de administración RDS
*Servidores de extremo RDS
*Usuarios
*Usuarios avanzados
*Usuarios COM distribuidos
*Usuarios de administración remota
*Usuarios de DHCP
*Usuarios de escritorio remoto
*Usuarios del monitor de sistema
*Usuarios del registro de rendimiento
*WinRMRemoteWMIUsers__
```

PASO 6: Agregar/visualizar/borrar usuarios del Dominio. NET USER

PASO 6.1: Visualizar usuarios del dominio.

```
NET USER
C:\Windows\SYSVOL\sysvol\bspWeb.local>NET USER
Cuentas de usuario de \\SVRPRINC00
-------------------------------------------------------------------------------
Administrador            Invitado                    krbtgt
Se ha completado el comando correctamente.
h.2) Crear usuarios en el dominio
        NET   USER   RUBEN    /ADD   /DOMAIN
        NET   USER   ADRIAN   /ADD   /DOMAIN
        NET   USER   JORGE    /ADD   /DOMAIN
        NET   USER   ASER     /ADD   /DOMAIN

C:\Windows\SYSVOL\sysvol\bspWeb.local>NET    USER    RUBEN    /ADD /DOM
La contraseña no cumple con los requisitos de la directiva de cont
pruebe los requisitos de longitud mínima, complejidad e historial de
ña.

Puede obtener más ayuda con el comando NET HELPMSG 2245.
```

> **NOTA:** Visualizar el código de error:
> **NET HELPMSG código**

PASO 7: Visualizar el código de ERROR NET HELPMSG
```
NET HELPMSG 2245
C:\Windows\SYSVOL\sysvol\bspWeb.local> NET   HELPMSG   2245
La contraseña no cumple con los requisitos de la directiva de contraseñas. Compruebe
los requisitos de longitud mínima, complejidad e historial de la contraseña.
```

PASO 8: Dar de alta un usuario especificando la clave NET USER
```
C:\Windows\SYSVOL\sysvol\bspWeb.local>NET     USER   RUBEN Practica2016. /ADD /DOMAIN
Se ha completado el comando correctamente.

C:\Windows\SYSVOL\sysvol\bspWeb.local>NET     USER   ADRIAN Practica2016. /ADD /DOMAIN
Se ha completado el comando correctamente.

C:\Windows\SYSVOL\sysvol\bspWeb.local>NET     USER   JORGE  Practica2016. /ADD /DOMAIN
Se ha completado el comando correctamente.

C:\Windows\SYSVOL\sysvol\bspWeb.local>NET     USER   ASER   Practica2016. /ADD /DOMAIN
Se ha completado el comando correctamente.
```

PASO 8.1: Crear claves aleatorias NET USER ... /RANDOM
a) Crear claves aleatorias al mismo tiempo que se crea el usuario en el sistema.
```
NET USER  ANA   /ADD /DOMAIN /RANDOM
C:\Windows\SYSVOL\sysvol\bspWeb.local>NET USER ANA /RANDOM /ADD /DOMAIN
La contraseña para ANA es: SGE1_Lls

Se ha completado el comando correctamente.

C:\Windows\SYSVOL\sysvol\bspWeb.local>NET USER ANA /RANDOM /ADD /DOMAIN  >> CLAVES.TXT


C:\Windows\SYSVOL\sysvol\bspWeb.local>NET USER

Cuentas de usuario de \\SVRPRINC00
-------------------------------------------------------------------------------
Administrador          ADRIAN                  ANA
ASER                   Invitado                JORGE
krbtgt                 RUBEN
Se ha completado el comando correctamente.
```

PASO 9: Borrar Usuario, Grupos y Recursos.

PASO 9.1: Borrar un usuario del Dominio NET USER .. /DELETE
a) Borrar un usuario (se asume que existe).
   NET USER ANA /DELETE
b) Consultar que el usuario esta borrado.
   NET USER

PASO 9.2: Borrar un grupo del dominio NET GROUP ... /DELETE
a) Previamente se visualizan los grupos y se observa que existe el grupo a borrar.
```
NET GROUP
C:\Windows\SYSVOL\sysvol\bspWeb.local>NET GROUP

Cuentas de grupo de \\SVRPRINC00
-------------------------------------------------------------------------------
*Administradores de empresas
*Administradores de esquema
*Admins. del dominio
*Controladores de dominio
*Controladores de dominio clonables
*Controladores de dominio de sólo lectura
*DnsUpdateProxy
*Enterprise Domain Controllers de sólo lectura
*Equipos del dominio
*Invitados del dominio
*Propietarios del creador de directivas de grupo
*Protected Users
*SEGUNDO
*SMR22
*TEMPORAL
*Usuarios del dominio
Se ha completado el comando correctamente.
```
b) Borrar el grupo que hemos visto que existe previamente.
```
NET GROUP  TEMPORAL  /ADD /DOMAIN
C:\Windows\SYSVOL\sysvol\bspWeb.local>NET  GROUP    TEMPORAL    /DELETE
```

```
Se ha completado el comando correctamente.

C:\Windows\SYSVOL\sysvol\bspWeb.local>NET GROUP

Cuentas de grupo de \\SVRPRINC00
-------------------------------------------------------------------------------
*Administradores de empresas
*Administradores de esquema
*Admins. del dominio
*Controladores de dominio
*Controladores de dominio clonables
*Controladores de dominio de sólo lectura
*DnsUpdateProxy
*Enterprise Domain Controllers de sólo lectura
*Equipos del dominio
*Invitados del dominio
*Propietarios del creador de directivas de grupo
*Protected Users
*SEGUNDO
*SMR22
*Usuarios del dominio
Se ha completado el comando correctamente.
```

c) Visualizar información de todos los recursos compartidos.
   NET VIEW %LOGONSERVER% /ALL
```
C:\Windows\SYSVOL\sysvol\bspWeb.local>NET VIEW  %LOGONSERVER%  /ALL
Recursos compartidos en \\SVRPRINC00

Nombre de recurso compartido   Tipo    Usado como          Comentario
-------------------------------------------------------------------------------
ADMIN$                         Disco                       Admin remota
C$                             Disco                       Recurso predeterminado
CARPETADEUSUARIOS              Disco   M:
CARPETAUSER                    Disco
IPC$                           IPC                         IPC remota
NETLOGON                       Disco                       Recurso compartido del servidor de inicio de
sesión
SYSVOL                         Disco                       Recurso compartido del servidor de inicio de
sesión
Se ha completado el comando correctamente.
```

d) Visualizar información de los recursos compartidos en el servidor.
```
C:\Windows\SYSVOL\sysvol\bspWeb.local> NET USE
Se registrarán las nuevas conexiones.

Estado      Local    Remoto                        Red
-------------------------------------------------------------------------------
Desconectado M:      \\SVRPRINC00\CARPETADEUSUARIOS
                                                   Microsoft Windows Network
Se ha completado el comando correctamente.
```

e) Visualizar solo los recursos compartidos.
```
C:\Windows\SYSVOL\sysvol\bspWeb.local>NET SHARE

Nombre      Recurso                           Descripción
-------------------------------------------------------------------------------
C$          C:\                               Recurso predeterminado
IPC$                                          IPC remota
ADMIN$      C:\Windows                        Admin remota
CARPETADEUSUARIOS
            C:\Windows\SYSVOL\sysvol\bspWeb.local\repaso

CARPETAUSER C:\Windows\SYSVOL\sysvol\bspWeb.local

NETLOGON    C:\Windows\SYSVOL\sysvol\bspWeb.local\SCRIPTS
                                              Recurso compartido del servidor...
SYSVOL      C:\Windows\SYSVOL\sysvol          Recurso compartido del servidor...
Se ha completado el comando correctamente.
```

PASO 9.3: Borrar un recurso compartido NET USE ... /DELETE

NET USE M: /DELETE
NET USE
```
C:\Windows\SYSVOL\sysvol\bspWeb.local>NET USE   M:     /DELETE
M: se ha eliminado.
```
Consulta para comprobar que se ha borrado correctamente el recurso compartido
```
C:\Windows\SYSVOL\sysvol\bspWeb.local>NET USE
Se registrarán las nuevas conexiones.
```

```
No hay entradas en la lista.
```

PASO 10: Visualizar información del dominio

PASO 10.1: Visualizar información sobre el dominio NET VIEW

    NET   VIEW   %LOGONSERVER%   /DOMAIN:bspweb.local
    WHOAMI   /FQDN

a) Visualizar toda la información que tiene un servidor en la cache de conexiones.
```
C:\Windows\system32>NET VIEW  \\SVR-BSP-00 /CACHE
No hay entradas en la lista.

C:\Windows\system32>NET VIEW  \\SVR-BSP-00 /CACHE /ALL
Recursos compartidos en \\SVR-BSP-00

Nombre de recurso compartido  Tipo   Usado como  Comentario
-------------------------------------------------------------------------------
ADMIN$                        Disco              Caché manual de documentos
C$                            Disco              Caché manual de documentos
IPC$                          IPC                Caché manual de documentos
Se ha completado el comando correctamente.
```

b) Visualizar toda la información de un servidor de dominio.
```
C:\Windows\system32>NET VIEW  \\SVR-BSP-00 /ALL
Recursos compartidos en \\SVR-BSP-00

Nombre de recurso compartido  Tipo   Usado como  Comentario
-------------------------------------------------------------------------------
ADMIN$                        Disco              Admin remota
C$                            Disco              Recurso predeterminado
IPC$                          IPC                IPC remota
Se ha completado el comando correctamente.
```

c) Visualizar toda la información de un servidor de dominio, especificando el nombre del dominio.
```
C:\Windows\system32>NET VIEW  \\SVR-BSP-00 /ALL /DOMAIN:gencast.local
Recursos compartidos en \\SVR-BSP-00

Nombre de recurso compartido  Tipo   Usado como  Comentario
-------------------------------------------------------------------------------
ADMIN$                        Disco              Admin remota
C$                            Disco              Recurso predeterminado
IPC$                          IPC                IPC remota
Se ha completado el comando correctamente.
```

PASO 10.2: Visualizar información sobre las conexiones al dominio NET SESSION

a) Lista sesiones o las sesiones abiertas.
    NET SESSION

b) Sesiones abiertas dentro del servidor.
    NET SESSION %LOGONSERVER%
```
C:\Windows\SYSVOL\sysvol\bspWeb.local>NET      SESSION
No hay entradas en la lista.

C:\Windows\SYSVOL\sysvol\bspWeb.local>NET SESSION   %LOGONSERVER%
No existe una sesión con ese nombre de equipo.

Puede obtener más ayuda con el comando NET HELPMSG 2312.
```

c) Visualizar todas las conexiones y el tiempo que llevan abiertas.
    NET SESSION /LIST
```
C:\Windows\SYSVOL\sysvol\bspWeb.local>NET      SESSION      /LIST
Nombre de usuario            SVRPRINC00$
Nombre de equipo             [::1]
Iniciar como invitado        No
Tipo de cliente
Tiempo inactivo              00:00:10

Se ha completado el comando correctamente.
```

d) Cerrar la conexión de un usuario desde una máquina concreta.
    NET SESSION \\PUESTO05   /DELETE

PASO 11: Agregar puestos (equipos) al dominio NET COMPUTER

a) Agregar los puestos de trabajo en el dominio, desde la línea de comandos.
    C:\Windows\SYSVOL\sysvol\bspWeb.local>NET   COMPUTER   \\PUESTO05   /ADD

```
Se ha completado el comando correctamente.

C:\Windows\SYSVOL\sysvol\bspWeb.local>NET    COMPUTER    \\PUESTO04     /ADD
Se ha completado el comando correctamente.

C:\Windows\SYSVOL\sysvol\bspWeb.local>NET    COMPUTER    \\PUESTO06     /ADD
Se ha completado el comando correctamente.
```

b) Visualizar desde el entorno gráfico los puestos agregados desde la línea de comandos.

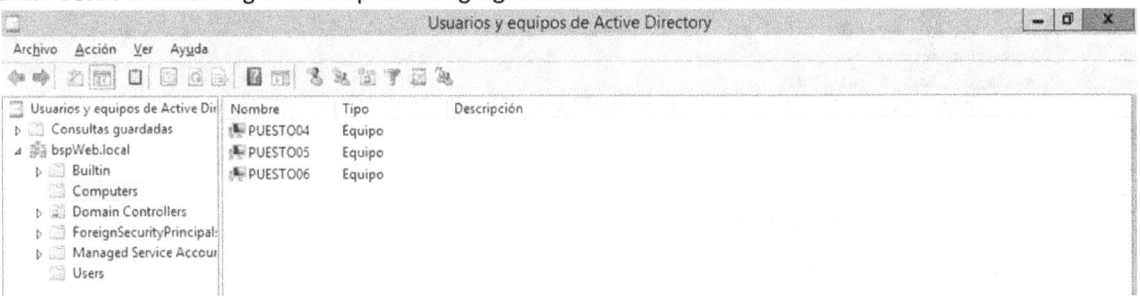

c) Borrar equipo de un dominio.
   NET COMPUTER \\PUESTO04 /DELETE
```
C:\Windows\SYSVOL\sysvol\bspWeb.local>NET COMPUTER    \\PUESTO04    /DELETE
Se ha completado el comando correctamente.
```

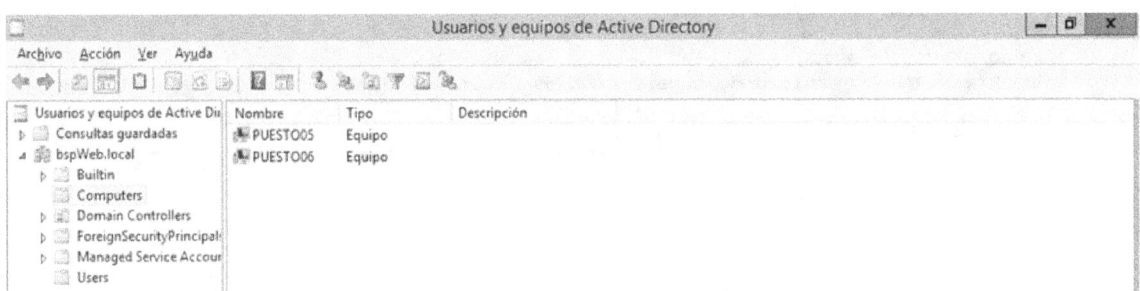

PASO 12: Listar todas las entradas de conexión a los ficheros. NET FILE
   NET FILE
a) Cerrar las entradas, según su identificación.
   NET FILE numid /CLOSE

PASO 13: Visualizar información de la configuración Servidor y Estaciones

PASO 13.1: Visualizar información NET CONFIG
a) Visualizar información de la configuración.
   NET CONFIG
b) Visualizar configuración del servidor, del nombre NetBIOS y el nombre del servidor (TCP/IP).
   NET CONFIG SERVER
```
C:\Windows\SYSVOL\sysvol\bspWeb.local>NET CONFIG   SERVER
Nombre de servidor                                 \\SVRPRINC00
Comentario del servidor

Versión del programa                               Windows Server 2012 R2 Standard Evalua-
tion
Servidor activo en
      NetbiosSmb (SVRPRINC00)
      NetBT_Tcpip_{25AABFF4-914D-41F7-8E22-BBE28F9ADAFE} (SVRPRINC00)


Servidor oculto                                    No
N° máximo de sesiones abiertas                     16777216
N° máximo de archivos abiertos por sesión          16384

Tiempo de inactividad de sesión (min.)             15
Se ha completado el comando correctamente.
```

PASO 13.2: Visualizar la información de las estaciones de trabajo NET CONFIG WORKSTATION
   NET CONFIG WORKSTATION
```
C:\Windows\SYSVOL\sysvol\bspWeb.local>NET    CONFIG    WORKSTATION
Nombre del equipo                                  \\SVRPRINC00
Nombre completo de equipo                          SVRPRINC00.bspWeb.local
```

```
Nombre de usuario                                    Administrador

Estación de trabajo activa en
        NetBT_Tcpip_{25AABFF4-914D-41F7-8E22-BBE28F9ADAFE} (080027F4EA76)

Versión del programa                                 Windows Server 2012 R2 Standard Evaluation

Dominio de estación de trabajo                       BSPWEB
Nombre DNS de dominio de la estación de trabajo      bspWeb.local
Dominio de inicio de sesión                          BSPWEB

Tiempo de espera de COM (s)                          0
Cuenta de envío de COM (bytes)                       16
Tiempo de envío en COM (ms.)                         250
Se ha completado el comando correctamente.
```

PASO 13.3: Visualizar la información sobre los servicios. NET CONTINUE

a) Listar los servicios.

```
C:\Windows\system32>SC QUERY
. . . . . . . . . . . . . . . . . . . .
NOMBRE_SERVICIO: WINS
NOMBRE_MOSTRAR : WINS
        TIPO                : 10   WIN32_OWN_PROCESS
        ESTADO              : 4    RUNNING
                                   (STOPPABLE, PAUSABLE, ACCEPTS_SHUTDOWN)
        CÓD_SALIDA_WIN32    : 0    (0x0)
        CÓD_SALIDA_SERVICIO : 0    (0x0)
        PUNTO_COMPROB.      : 0x0
        INDICACIÓN_INICIO   : 0x0

NOMBRE_SERVICIO: WLMS
NOMBRE_MOSTRAR : Servicio de supervisión de licencias de Windows
        TIPO                : 10   WIN32_OWN_PROCESS
        ESTADO              : 4    RUNNING
                                   (NOT_STOPPABLE, NOT_PAUSABLE, ACCEPTS_SHUTDOWN)
        CÓD_SALIDA_WIN32    : 0    (0x0)
        CÓD_SALIDA_SERVICIO : 0    (0x0)
        PUNTO_COMPROB.      : 0x0
        INDICACIÓN_INICIO   : 0x0
```

b) Visualizar el estado de un servicio.

```
C:\Windows\system32>NET CONTINUE  WINS

El servicio de WINS continuó correctamente.
```

PASO 13.4: Visualizar la información sobre los servicios. NET PAUSE

a) Pausar un servicio.

```
C:\Windows\system32> NET PAUSE WINS
El servicio de WINS se interrumpió correctamente.
```

b) Reanudar un servicio pausado.

```
C:\Windows\system32>NET CONTINUE WINS
El servicio de WINS continuó correctamente.
```

PASO 13.5: Sincronizar la hora con el servidor horario. NET TIME

a) Para forzar un equipo para sincronizar su hora con un determinado equipo.

```
C:\Windows\system32>NET TIME %LOGONSERVER% /SET
La hora actual en \\SVR-BSP-00 es 12/06/2016 4:58:14

El reloj local actual es 12/06/2016 4:58:14
¿Desea ajustar la hora local de la máquina para que coincida con
la hora en \\SVR-BSP-00? (S/N) [S]: S
Se ha completado el comando correctamente.
```

b) Otra forma de sincronizar.

```
C:\Windows\system32>NET TIME \\192.168.2.40 /SET /Y
La hora actual en \\192.168.2.40 es 12/06/2016 5:01:47

Se ha completado el comando correctamente.
```

PASO 13.6: Visualizar información de red y los objetos de red. DSQUERY

DSQUERY

a) Visualizar información de todos los objetos.
   DSQUERY *

b) Obtener información sobre el controlador de dominio.
   DSQUERY SITE

> **NOTA:** no funciona, sino se ha promocionado a Directorio Activo, previamente.

WHOAMI /FQDN
```
C:\Windows\SYSVOL\sysvol\bspWeb.local>WHOAMI     /FQDN
CN=Administrador,CN=Users,DC=bspWeb,DC=local

C:\Windows\SYSVOL\sysvol\bspWeb.local>dsquery  site
"CN=Default-First-Site-Name,CN=Sites,CN=Configuration,DC=bspWeb,DC=local"
```

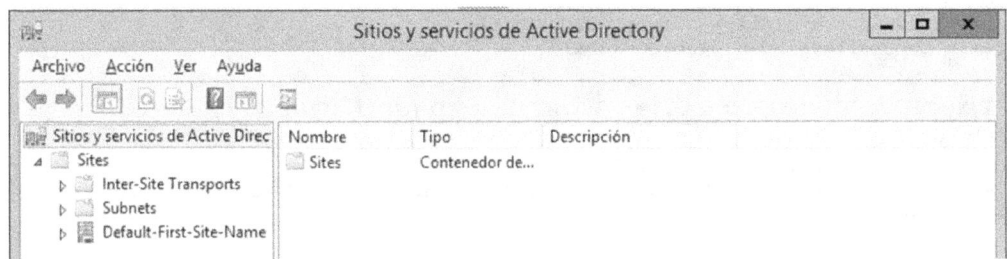

PASO 13.7: Visualizar los datos de contacto del administrador del dominio. DSQUERY CONTACT
Se suele especifacar los datos de contacto en la definición del dominio a nivel de la BIOS en el servidor.
DSQUERY CONTACT

PASO 13.8: Visualizar información sobre los equipos del dominio. DSQUERY COMPUTER
```
DSQUERY   COMPUTER
C:\Windows\SYSVOL\sysvol\bspWeb.local>DSQUERY COMPUTER
"CN=SVRPRINC00,OU=Domain Controllers,DC=bspWeb,DC=local"
"CN=PUESTO05,CN=Computers,DC=bspWeb,DC=local"
"CN=PUESTO06,CN=Computers,DC=bspWeb,DC=local"
```

PASO 13.9: Visualizar información sobre los grupos. DSQUERY GROUP
```
C:\Windows\SYSVOL\sysvol\bspWeb.local>DSQUERY GROUP
"CN=WinRMRemoteWMIUsers__,CN=Users,DC=bspWeb,DC=local"
"CN=Administradores,CN=Builtin,DC=bspWeb,DC=local"
"CN=Usuarios,CN=Builtin,DC=bspWeb,DC=local"
"CN=Invitados,CN=Builtin,DC=bspWeb,DC=local"
"CN=Opers. de impresión,CN=Builtin,DC=bspWeb,DC=local"
"CN=Operadores de copia de seguridad,CN=Builtin,DC=bspWeb,DC=local"
"CN=Duplicadores,CN=Builtin,DC=bspWeb,DC=local"
"CN=Usuarios de escritorio remoto,CN=Builtin,DC=bspWeb,DC=local"
"CN=Operadores de configuración de red,CN=Builtin,DC=bspWeb,DC=local"
"CN=Usuarios del monitor de sistema,CN=Builtin,DC=bspWeb,DC=local"
"CN=Usuarios del registro de rendimiento,CN=Builtin,DC=bspWeb,DC=local"
"CN=Usuarios COM distribuidos,CN=Builtin,DC=bspWeb,DC=local"
"CN=IIS_IUSRS,CN=Builtin,DC=bspWeb,DC=local"
"CN=Operadores criptográficos,CN=Builtin,DC=bspWeb,DC=local"
"CN=Lectores del registro de eventos,CN=Builtin,DC=bspWeb,DC=local"
"CN=Certificate Service DCOM Access,CN=Builtin,DC=bspWeb,DC=local"
"CN=Servidores de acceso remoto RDS,CN=Builtin,DC=bspWeb,DC=local"
"CN=Servidores de extremo RDS,CN=Builtin,DC=bspWeb,DC=local"
"CN=Servidores de administración RDS,CN=Builtin,DC=bspWeb,DC=local"
"CN=Administradores de Hyper-V,CN=Builtin,DC=bspWeb,DC=local"
"CN=Operadores de asistencia de control de acceso,CN=Builtin,DC=bspWeb,DC=local"
"CN=Usuarios de administración remota,CN=Builtin,DC=bspWeb,DC=local"
"CN=Equipos del dominio,CN=Users,DC=bspWeb,DC=local"
"CN=Controladores de dominio,CN=Users,DC=bspWeb,DC=local"
"CN=Administradores de esquema,CN=Users,DC=bspWeb,DC=local"
"CN=Administradores de empresas,CN=Users,DC=bspWeb,DC=local"
"CN=Publicadores de certificados,CN=Users,DC=bspWeb,DC=local"
"CN=Admins. del dominio,CN=Users,DC=bspWeb,DC=local"
"CN=Usuarios del dominio,CN=Users,DC=bspWeb,DC=local"
"CN=Invitados del dominio,CN=Users,DC=bspWeb,DC=local"
"CN=Propietarios del creador de directivas de grupo,CN=Users,DC=bspWeb,DC=local"
"CN=Servidores RAS e IAS,CN=Users,DC=bspWeb,DC=local"
"CN=Opers. de servidores,CN=Builtin,DC=bspWeb,DC=local"
"CN=Opers. de cuentas,CN=Builtin,DC=bspWeb,DC=local"
"CN=Acceso compatible con versiones anteriores de Windows 2000,CN=Builtin,DC=bspWeb,DC=local"
"CN=Creadores de confianza de bosque de entrada,CN=Builtin,DC=bspWeb,DC=local"
"CN=Grupo de acceso de autorización de Windows,CN=Builtin,DC=bspWeb,DC=local"
"CN=Servidores de licencias de Terminal Server,CN=Builtin,DC=bspWeb,DC=local"
"CN=Grupo de replicación de contraseña RODC permitida,CN=Users,DC=bspWeb,DC=local"
"CN=Grupo de replicación de contraseña RODC denegada,CN=Users,DC=bspWeb,DC=local"
"CN=Controladores de dominio de sólo lectura,CN=Users,DC=bspWeb,DC=local"
"CN=Enterprise Domain Controllers de sólo lectura,CN=Users,DC=bspWeb,DC=local"
"CN=Controladores de dominio clonables,CN=Users,DC=bspWeb,DC=local"
"CN=Protected Users,CN=Users,DC=bspWeb,DC=local"
"CN=DnsAdmins,CN=Users,DC=bspWeb,DC=local"
"CN=DnsUpdateProxy,CN=Users,DC=bspWeb,DC=local"
"CN=Usuarios de DHCP,CN=Users,DC=bspWeb,DC=local"
"CN=Administradores de DHCP,CN=Users,DC=bspWeb,DC=local"
```

```
"CN=SMR22,CN=Users,DC=bspWeb,DC=local"
"CN=SEGUNDO,CN=Users,DC=bspWeb,DC=local"
```

PASO 13.10: Visualizar información de los contenedores de las Unidades Organizativas. DSQUERY OU

DSQUERY OU
```
C:\Windows\SYSVOL\sysvol\bspWeb.local>DSQUERY OU
"OU=Domain Controllers,DC=bspWeb,DC=local"
```

PASO 13.11: Visualizar información del servidor de dominio. DSQUERY SERVER

DSQUERY SERVER
```
C:\Windows\SYSVOL\sysvol\bspWeb.local>DSQUERY SERVER
"CN=SVRPRINC00,CN=Servers,CN=Default-First-Site-Name,CN=Sites,CN=Configuration,D
C=bspWeb,DC=local"
```

PASO 13.12: Visualizar información de los usuarios del dominio. DSQUERY USER

DSQUERY USER
```
C:\Windows\SYSVOL\sysvol\bspWeb.local>DSQUERY SERVER
"CN=SVRPRINC00,CN=Servers,CN=Default-First-Site-Name,CN=Sites,CN=Configuration,D
C=bspWeb,DC=local"

C:\Windows\SYSVOL\sysvol\bspWeb.local>DSQUERY USER
"CN=Administrador,CN=Users,DC=bspWeb,DC=local"
"CN=Invitado,CN=Users,DC=bspWeb,DC=local"
"CN=krbtgt,CN=Users,DC=bspWeb,DC=local"
"CN=RUBEN,CN=Users,DC=bspWeb,DC=local"
"CN=ADRIAN,CN=Users,DC=bspWeb,DC=local"
"CN=JORGE,CN=Users,DC=bspWeb,DC=local"
"CN=ASER,CN=Users,DC=bspWeb,DC=local"
```

PASO 13.13: Visualizar información por la búsqueda de sitios en el directorio Activo. DSQUERY SITE
```
C:\Windows\system32> DSQUERY SITE
"CN=Default-First-Site-Name,CN=Sites,CN=Configuration,DC=dawprog0,DC=local"
```

PASO 13.14: Buscar objetos de partición de Directorio Activo. DSQUERY PARTITION
```
C:\Windows\system32> DSQUERY PARTITION
"CN=Configuration,DC=dawprog0,DC=local"
"DC=dawprog0,DC=local"
"CN=Schema,CN=Configuration,DC=dawprog0,DC=local"
"DC=DomainDnsZones,DC=dawprog0,DC=local"
"DC=ForestDnsZones,DC=dawprog0,DC=local"
```

PASO 13.15: Visualizar objetos de partición de Directorio Activo por Formato de salida.
```
C:\Windows\system32>DSQUERY PARTITION -O DN
"CN=Configuration,DC=dawprog0,DC=local"
"DC=dawprog0,DC=local"
"CN=Schema,CN=Configuration,DC=dawprog0,DC=local"
"DC=DomainDnsZones,DC=dawprog0,DC=local"
"DC=ForestDnsZones,DC=dawprog0,DC=local"

C:\Windows\system32>DSQUERY PARTITION -O RDN
"Enterprise Configuration"
"DAWPROG0"
"Enterprise Schema"
"ce9a0b60-1091-4c84-8c98-b21b3d4c15cc"
"dd995531-7dc2-4b21-a19d-a404e16bf405"
```

PASO 13.16: Visualizar por objetos de partición
```
C:\Windows\system32>dsquery partition -part DAW*
"DC=dawprog0,DC=local"
```

PASO 13.17: Visualizar objetos de partición de Directorio por Dominio
```
C:\Windows\system32>DSQUERY PARTITION -S DAWPROG0
"CN=Configuration,DC=dawprog0,DC=local"
"DC=dawprog0,DC=local"
"CN=Schema,CN=Configuration,DC=dawprog0,DC=local"
"DC=DomainDnsZones,DC=dawprog0,DC=local"
"DC=ForestDnsZones,DC=dawprog0,DC=local"
```

PASO 13.18: Visualizar objetos de partición de Directorio por Servidor
```
C:\Windows\system32>DSQUERY PARTITION -S WIN-2OIUP9JNGLS
"CN=Configuration,DC=dawprog0,DC=local"
"DC=dawprog0,DC=local"
"CN=Schema,CN=Configuration,DC=dawprog0,DC=local"
"DC=DomainDnsZones,DC=dawprog0,DC=local"
"DC=ForestDnsZones,DC=dawprog0,DC=local"
```

PRÁCTICA 3: Crear un usuario, UO, GRUPOS, usuarios dentro de grupos. DSADD

DESCRIPCIÓN:

Una herramienta de línea de comandos que está integrada en Windows Server 2012 R2 y versiones anteriores WINDOWS SERVER. Está disponible si tiene instalada la función de servidor de servicios de dominio de Active Directory (AD DS).

Para utilizar **dsadd**, debe ejecutar el comando **dsadd** desde un símbolo del sistema con privilegios elevados (a nivel de administrador).

Para abrir un símbolo del sistema con privilegios elevados, haga clic en **Inicio**, posteriormente haga clic con el botón derecho en **símbolo del sistema** y, a continuación, haga clic en **Ejecutar como administrador**.

DSADD

PASO 1: Crear una unidad organizativa

DSADD OU OU=NUEVO,DC=bspweb,DC=local

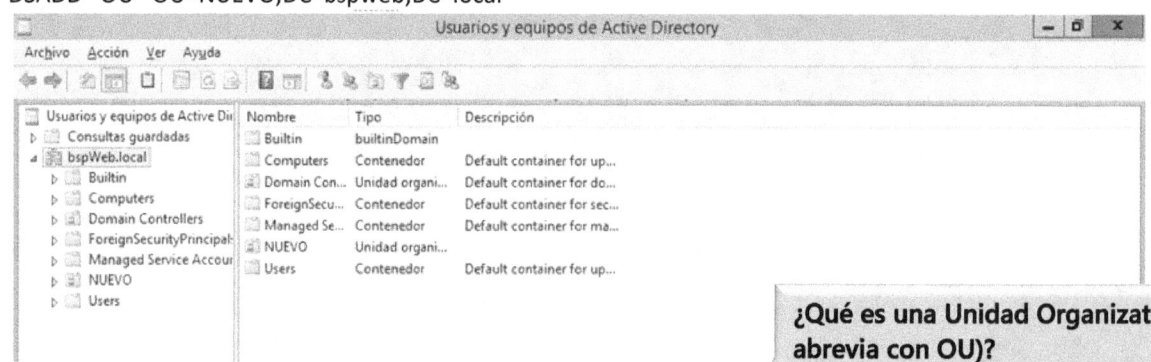

DSADD OU OU=PRUEBAS,DC=bspweb,DC=local

PASO 2: Crear un grupo dentro de una unidad organizativa

DSADD GROUP CN=TRABAJO,OU=NUEVO,DC=bspweb,DC=local
DSADD GROUP CN=TRABAJO2,OU=PRUEBAS,DC=bspweb,DC=loca

PASO 3: Crear un usuario dentro de una unidad organizativa

DSADD USER CN=MOISES,OU=NUEVO,DC=bspweb,DC=local
DSADD USER CN=MARCO,OU=NUEVO,DC=bspweb,DC=local
DSADD USER CN=DANIEL,OU=PRUEBA,DC=bspweb,DC=local

> **¿Qué es una Unidad Organizativa (se abrevia con OU)?**
> Es un contenedor donde se pueden poner distintos objetos de Active Directory como Usuarios, Computadoras, Grupos y hasta otras OUs. Dentro de las mismas, podemos delegar permisos de Administración sobre los objetos que tenemos dentro y podemos adjuntar políticas de dominio, para aplicar distintas configuraciones sobre los tipos de objetos que tengamos dentro. (Referencia es de https://msdn.microsoft.com/es-es/library/jj822947.aspx

PASO 4: Crear grupos y asignar usuarios dentro de un grupo

DSADD GROUP CN=FIESTA,OU=PRUEBA,DC=bspweb,DC=local -members "CN=MOISES   MARCO"

Se crean unidades Organizativas NUEVO y PRUEBAS, posteriormente se crean grupos; TRABAJO y TRABAJO2, se crean los usuarios MOISES, MARCO en la UO=NUEVO y se realizan pruebas erróneas de mala asignación de un usuario DANIEL.

```
C:\Windows\SYSVOL\sysvol\bspWeb.local>DSADD    OU    OU=NUEVO,DC=bspweb,DC=local
dsadd correcto:OU=NUEVO,DC=bspweb,DC=local

C:\Windows\SYSVOL\sysvol\bspWeb.local>DSADD    OU    OU=PRUEBAS,DC=bspweb,DC=local

dsadd correcto:OU=PRUEBAS,DC=bspweb,DC=local

C:\Windows\SYSVOL\sysvol\bspWeb.local>DSADD    GROUP    CN=TRABAJO,OU=NUEVO,DC=bspw
eb,DC=local
dsadd correcto:CN=TRABAJO,OU=NUEVO,DC=bspweb,DC=local

C:\Windows\SYSVOL\sysvol\bspWeb.local>DSADD    GROUP    CN=TRABAJO2,OU=PRUEBAS,DC=b
spweb,DC=local
dsadd correcto:CN=TRABAJO2,OU=PRUEBAS,DC=bspweb,DC=local

C:\Windows\SYSVOL\sysvol\bspWeb.local>DSADD    USER    CN=MOISES,OU=NUEVO,DC=bspwe
b,DC=local
dsadd correcto:CN=MOISES,OU=NUEVO,DC=bspweb,DC=local

C:\Windows\SYSVOL\sysvol\bspWeb.local>DSADD    USER    CN=MARCO,OU=NUEVO,DC=bspweb
,DC=local
dsadd correcto:CN=MARCO,OU=NUEVO,DC=bspweb,DC=local
```

PRÁCTICA 4: Permisos de Usuarios Windows.

DESCRIPCIÓN:

Cada contenedor y objeto de la red tiene asignada información de control de acceso. Esta información se denomina descriptor de seguridad y controla el tipo de acceso permitido a usuarios y grupos. Los permisos se definen en el descriptor de seguridad de un objeto. Se asocian o asignan a usuarios y grupos específicos.

Cuando se es miembro de un grupo de seguridad que está asociado a un objeto, se tiene cierta capacidad para administrar los permisos de ese objeto. En el caso de los objetos que se poseen ya predefinidos, el control es total. Puede utilizar distintos métodos, como Servicios de dominio de Active Directory (AD DS), Directiva de grupo o listas de control de acceso, para administrar distintos tipos de objetos.

¿Cuáles son los permisos especiales?

Permisos especiales	Control total	Modificar	Leer y ejecutar	Mostrar el contenido de la carpeta (sólo en carpetas)	Lectura	Escritura
Recorrer carpeta / Ejecutar archivo	x	x	x	x		
Listar carpeta / Leer datos	x	x	x	x	x	
Atributos de lectura	x	x	x	x	x	
Atributos extendidos de lectura	x	x	x	x	x	
Crear archivos / Escribir datos	x	x				x
Crear carpetas / Anexar datos	x	x				x
Atributos de escritura	x	x				x
Atributos extendidos de escritura	x	x				x
Eliminar subcarpetas y archivos	x					
Eliminar	x	x				
Permisos de lectura	x	x	x	x	x	x
Cambiar permisos	x					
Tomar posesión	x					
Sincronizar	x	x	x	x	x	x

Permisos de recurso compartido y NTFS en un servidor de archivos.

Se aplica a: Windows 7, Windows Server 2008 R2 y posteriores.

En un servidor de archivos, el acceso a una carpeta puede estar determinado por dos conjuntos de entradas de permisos: **los permisos de recurso compartido** definidos en una carpeta y **los permisos NTFS** definidos en la carpeta (que también se puede definir en los archivos). Los *permisos de recurso compartido* suelen utilizarse para administrar equipos con sistemas de archivos FAT32 u otros equipos que no utilizan el sistema de archivos NTFS.

Los permisos de recurso compartido y los permisos NTFS son independientes en el sentido de que ninguno modifica al otro. Los *permisos de acceso final* en una carpeta compartida se determinan teniendo en cuenta las entradas de permiso de recurso compartido y de permiso NTFS. Se aplicarán siempre los permisos más restrictivos.

En la siguiente tabla se proponen permisos equivalentes que un administrador puede conceder al grupo Usuarios para determinados tipos de carpetas compartidas. También se pueden establecer los permisos de recurso compartido en Control total para el grupo Todos y usar los permisos NTFS para restringir el acceso.

Permisos heredados

Tipo de carpeta	Permisos de recurso compartido	Permisos NTFS
Carpeta pública. Una carpeta a la que todos pueden tener acceso.	Conceder el permiso Cambiar al grupo Usuarios.	Conceder el permiso Modificar al grupo Usuarios.
Carpeta privada. Una carpeta en la que los usuarios pueden dejar informes confidenciales o asignaciones de tareas que sólo puede leer el administrador o el instructor del grupo.	Conceder el permiso Cambiar al grupo Usuarios. Conceder el permiso Control total al administrador del grupo.	Conceder el permiso Escribir al grupo de usuarios que se aplica a **Sólo esta carpeta**. (Esta opción está disponible en la página **Opciones avanzadas**). Si cada usuario necesita tener determinados permisos para los archivos que deja, puede crear una entrada de permiso para el identificador de seguridad conocido (SID) Creator Owner y aplicarla a **Sólo subcarpetas y archivos**. Por ejemplo, puede conceder los permisos Leer y Escribir al SID de Creator Owner en la carpeta privada y aplicarlos a todas las subcarpetas y archivos. De este modo, el usuario que ha dejado o creado el archivo (Creator Owner) tiene la capacidad para leer y escribir en el archivo. Después, Creator Owner puede tener acceso al archivo mediante el comando **Ejecutar** con: *\\ServerName\DropFolder\FileName*. Conceder el permiso Control total al administrador del grupo.
Carpeta de aplicaciones. Una carpeta que contiene aplicaciones que se pueden ejecutar a través de la red.	Conceder el permiso Leer al grupo Usuarios.	Conceder los permisos Leer, Leer y ejecutar y Mostrar el contenido de la carpeta al grupo Usuarios.
Carpeta particular. Carpeta individual de cada usuario. Sólo el usuario tiene acceso a la carpeta.	Conceder el permiso Control total a cada usuario en su carpeta respectiva.	Conceder el permiso Control total a cada usuario en su carpeta respectiva.

PASO 1: Permisos sobre los objetos y recursos. ICALS, CACLS

    ICACLS
    CACLS
    DSACLS

a) Visualizar permisos de todos los objetos

```
icacls *.*
UIRibbon.dll NT SERVICE\TrustedInstaller:(F)
             BUILTIN\Administradores:(RX)
             NT AUTHORITY\SYSTEM:(RX)
             BUILTIN\Usuarios:(RX)
             ENTIDAD DE PAQUETES DE APLICACIONES\TODOS LOS PAQUETES DE APLICACIONES:(RX)
...
```

b) Almacenar en un fichero toda la información resultante de visualizar los permisos de todos los objetos.

```
ICACLS *   > RESULTADO.TXT
NOTEPAD  RESULTADO.TXT
```

c) Buscar solo todos los ficheros que comienzan por AUDIO*

```
C:\Windows\system32>ICACLS   audio*
audiodg.exe NT SERVICE\TrustedInstaller:(F)
            BUILTIN\Administradores:(RX)
            NT AUTHORITY\SYSTEM:(RX)
            BUILTIN\Usuarios:(RX)
            ENTIDAD DE PAQUETES DE APLICACIONES\TODOS LOS PAQUETES DE APLICACIONES:(RX)

AudioEndpointBuilder.dll NT SERVICE\TrustedInstaller:(F)
            BUILTIN\Administradores:(RX)
            NT AUTHORITY\SYSTEM:(RX)
            BUILTIN\Usuarios:(RX)
            ENTIDAD DE PAQUETES DE APLICACIONES\TODOS LOS PAQUETES DE APLICACIONES:(RX)

AudioEng.dll NT SERVICE\TrustedInstaller:(F)
            BUILTIN\Administradores:(RX)
            NT AUTHORITY\SYSTEM:(RX)
            BUILTIN\Usuarios:(RX)
            ENTIDAD DE PAQUETES DE APLICACIONES\TODOS LOS PAQUETES DE APLICACIONES:(RX)

AUDIOKSE.dll NT SERVICE\TrustedInstaller:(F)
            BUILTIN\Administradores:(RX)
            NT AUTHORITY\SYSTEM:(RX)
            BUILTIN\Usuarios:(RX)
            ENTIDAD DE PAQUETES DE APLICACIONES\TODOS LOS PAQUETES DE APLICACIONES:(RX)

AudioSes.dll NT SERVICE\TrustedInstaller:(F)
            BUILTIN\Administradores:(RX)
            NT AUTHORITY\SYSTEM:(RX)
            BUILTIN\Usuarios:(RX)
            ENTIDAD DE PAQUETES DE APLICACIONES\TODOS LOS PAQUETES DE APLICACIONES:(RX)

audiosrv.dll NT SERVICE\TrustedInstaller:(F)
            BUILTIN\Administradores:(RX)
            NT AUTHORITY\SYSTEM:(RX)
            BUILTIN\Usuarios:(RX)
            ENTIDAD DE PAQUETES DE APLICACIONES\TODOS LOS PAQUETES DE APLICACIONES:(RX)
Se procesaron correctamente 6 archivos; error al procesar 0 archivos
```

d) Usar filtros para extraer todos los ficheros .DLL que contengan WMS en el nombre.

```
C:\Windows\system32>ICACLS   *  |FIND "(F)"|FIND ".DLL"| FIND "WMS"
WMSPDMOD.DLL NT SERVICE\TrustedInstaller:(F)
WMSPDMOE.DLL NT SERVICE\TrustedInstaller:(F)
```

e) Hacer una copia de todas las ACL para todos los archivos en c:\windows\system32 y sus subdirectorios en salidaACL.

```
C:\Windows\system32>ICACLS  c:\windows\system32\*   /save salidaACL   /T
. . .
c:\windows\system32\config\systemprofile\AppData\Local\Microsoft\Windows\INetCache\Content.IE5\*: Acceso denegado.
Se procesaron correctamente 7695 archivos; error al procesar 1 archivos
```

f) Editar el fichero de salida ACL.

```
NOTEPAD   salidaACL
```

```
0409
D:PAI(A;;FA;;;S-1-5-80-956008885-3418522649-1831038044-1853292631-2271478464)(A;CIIO;GA;;;S-1-5-80-956008885-3418522649-1831038044-1853292631-2271478464)
0C0A
D:PAI(A;;FA;;;S-1-5-80-956008885-3418522649-1831038044-1853292631-2271478464)(A;CIIO;GA;;;S-1-5-80-956008885-3418522649-1831038044-1853292631-2271478464)
7B296FB0-376B-497e-B012-9C450E1B7327-5P-0.C7483456-A289-439d-8115-601632D005A0
D:AI(A;ID;FA;;;SY)(A;ID;FA;;;BA)(A;ID;0x1200a9;;;BU)(A;ID;0x1200a9;;;AC)
7B296FB0-376B-497e-B012-9C450E1B7327-5P-1.C7483456-A289-439d-8115-601632D005A0
D:AI(A;ID;FA;;;SY)(A;ID;FA;;;BA)(A;ID;0x1200a9;;;BU)(A;ID;0x1200a9;;;AC)
@edptoastimage.png
D:PAI(A;;FA;;;S-1-5-80-956008885-3418522649-1831038044-1853292631-2271478464)(A;;0x1200a9;;;BA)(A;;0x1200a9;;;SY)(A;;0x1200a9;;;BU)(A;;0x1200a9;;;AC)S:AI
@language_notification_icon.png
```

g) Comprobar el fichero creado con las ACL.
```
C:\Windows\system32>ICACLS salidaacl
salidaacl NT AUTHORITY\SYSTEM:(I)(F)
          BUILTIN\Administradores:(I)(F)
          BUILTIN\Usuarios:(I)(RX)
          ENTIDAD DE PAQUETES DE APLICACIONES\TODOS LOS PAQUETES DE APLICACIONES:(I)(RX)

Se procesaron correctamente 1 archivos; error al procesar 0 archivos
```

h) Cambiar los permisos ACL, se concede al usuario permisos de administrador para eliminar y escribir DAC en el archivo.
```
C:\Windows\system32>ICACLS  salidaACL  /grant aprendiz:(D,WDAC)
archivo procesado: salidaACL
Se procesaron correctamente 1 archivos; error al procesar 0 archivos

C:\Windows\system32>ICACLS  salidaACL
salidaACL i7-PC\aprendiz:(D,WDAC)
          NT AUTHORITY\SYSTEM:(I)(F)
          BUILTIN\Administradores:(I)(F)
          BUILTIN\Usuarios:(I)(RX)
          ENTIDAD DE PAQUETES DE APLICACIONES\TODOS LOS PAQUETES DE APLICACIONES:(I)(RX)

Se procesaron correctamente 1 archivos; error al procesar 0 archivos
```

PRÁCTICA 5: Visualizar información del dominio AD DS

DESCRIPCIÓN:

Existen dos comandos que desde la línea de comandos permite visualizar información del Directorio Activo de Windows: DSGET, DSQUERY.

Dsget: Herramienta por línea de comandos que muestra información de propiedades selecciones de un objeto específico en Active Directory.

PASO 1: DSGET

a) Visualizar los usuarios que son miembros del grupo Administradores y Users, dentro del dominio bspWeb.local

```
C:\Windows\system32>DSGET USER "CN=Administrador,CN=users,DC=bspWeb,DC=local" -memberof
"CN=Propietarios del creador de directivas de grupo,CN=Users,DC=bspWeb,DC=local"

"CN=Admins. del dominio,CN=Users,DC=bspWeb,DC=local"
"CN=Administradores de empresas,CN=Users,DC=bspWeb,DC=local"
"CN=Administradores de esquema,CN=Users,DC=bspWeb,DC=local"
"CN=Administradores,CN=Builtin,DC=bspWeb,DC=local"
"CN=Usuarios del dominio,CN=Users,DC=bspWeb,DC=local"
```

b) Muestra si el usuario puede cambiar su contraseña o no. Se establece con los valores Muestra: yes o no.

```
C:\Windows\system32>DSGET USER "CN=Administrador,CN=users,DC=bspWeb,DC=local" -canchpwd
  canchpwd
  yes
dsget correcto
```

c) Muestra si el usuario puede cambiar su contraseña o no. Muestra: yes o no. Muestra el nombre distintivo (DN) del usuario.

```
C:\Windows\system32>DSGET USER "CN=Administrador,CN=users,DC=bspWeb,DC=local" -canchpwd -dn
  dn                                              canchpwd
  CN=Administrador,CN=users,DC=bspWeb,DC=local    yes
dsget correcto
```

d) Muestra si el usuario puede cambiar su contraseña o no. Muestra: yes o no. Muestra el id. de seguridad del usuario.

```
C:\Windows\system32>DSGET USER "CN=Administrador,CN=users,DC=bspWeb,DC=local" -canchpwd -sid
  sid                                                  canchpwd
  S-1-5-21-2298800814-2528216055-1890261488-500        yes
dsget correcto
```

e) Muestra si el usuario puede cambiar su contraseña o no. Muestra el nombre de la cuenta SAM del usuario.

```
C:\Windows\system32>DSGET USER "CN=Administrador,CN=users,DC=bspWeb,DC=local" -canchpwd -samid
  samid           canchpwd
  Administrador   yes
dsget correcto
```

f) Muestra si el usuario puede cambiar su contraseña o no. Muestra el nombre principal del usuario.

```
C:\Windows\system32>DSGET USER "CN=Administrador,CN=users,DC=bspWeb,DC=local" -canchpwd -upn
  upn     canchpwd
          yes
dsget correcto
```

g) Muestra si el usuario puede cambiar su contraseña o no. Muestra el nombre de pila del usuario.

```
C:\Windows\system32>DSGET USER "CN=Administrador,CN=users,DC=bspWeb,DC=local" -canchpwd -fn
  fn     canchpwd
         yes
dsget correcto
```

h) Muestra si el usuario puede cambiar su contraseña o no. Muestra la inicial del segundo nombre del usuario.

```
C:\Windows\system32>DSGET USER "CN=Administrador,CN=users,DC=bspWeb,DC=local" -canchpwd -mi
  mi     canchpwd
         yes
dsget correcto
```

i) Muestra si el usuario puede cambiar su contraseña o no. Muestra los apellidos del usuario.

```
C:\Windows\system32>DSGET USER "CN=Administrador,CN=users,DC=bspWeb,DC=local" -canchpwd -ln
  ln     canchpwd
         yes
dsget correcto
```

j) Modo de operación continuo: notifica los errores pero continúa con el siguiente objeto en la lista de argumentos cuando se especifican varios objetos de destino. Sin esta opción, el comando terminará en el primer error.

```
C:\Windows\system32>DSGET USER "CN=Administrador,CN=users,DC=bspWeb,DC=local" -c
anchpwd -display
  display    canchpwd
             yes
dsget correcto
```

k) Muestra si el usuario puede cambiar su contraseña o no. Muestra el id. de empleado del usuario.
```
C:\Windows\system32>DSGET USER "CN=Administrador,CN=users,DC=bspWeb,DC=local" -canchpwd -empid
  empid    canchpwd
           yes
dsget correcto
```

l) Muestra la descripción del usuario.
```
C:\Windows\system32>DSGET USER "CN=Administrador,CN=users,DC=bspWeb,DC=local" -desc
  desc
  Cuenta integrada para la administración del equipo o dominio
dsget correcto
```

m) Muestra el departamento del usuario.
```
C:\Windows\system32>DSGET USER "CN=Administrador,CN=users,DC=bspWeb,DC=local" -dept
  dept

dsget correcto
```

n) Muestra el departamento del usuario y la ubicación de la oficina del usuario.
```
C:\Windows\system32>DSGET USER "CN=Administrador,CN=users,DC=bspWeb,DC=local" -dept -office
  office   dept

dsget correcto
```

o) Muestra el departamento, el número de teléfono y la dirección de correo electrónico del usuario.
```
C:\Windows\system32>DSGET USER "CN=Administrador,CN=users,DC=bspWeb,DC=local" -dept -tel  -email
  tel    email    dept

dsget correcto
```

p) Muestra el número de teléfono IP, el número de fax del usuario y la dirección URL de la página web del usuario.
```
C:\Windows\system32>dsget user "CN=Administrador,CN=users,DC=bspWeb,DC=local" -iptel  -fax   -webpg
  fax    iptel    webpg

dsget correcto
```

q) Muestra los grupos a los que pertenece el usuario como miembro.
```
C:\Windows\system32>DSGET USER CN=USER1,CN=users,DC=bspWeb,DC=local  -memberof
"CN=Usuarios del dominio,CN=Users,DC=bspWeb,DC=local"
```

r) Muestra la persona responsable del grupo de usuario.
```
C:\Windows\system32>DSGET USER CN=USER1,CN=users,DC=bspWeb,DC=local  -mgr
  mgr
```

s) Muestra si la cuenta de usuario está deshabilitada para el inicio de sesión o no. Muestra: yes o no.
```
C:\Windows\system32>DSGET USER CN=USER1,CN=users,DC=bspWeb,DC=local  -disabled
  disabled
  no
dsget correcto
```

t) Muestra el directorio particular, la letra de unidad a la que está asignado el directorio particular del usuario (si la ruta de acceso del directorio particular es una ruta UNC). Muestra la ruta del perfil del usuario.
```
C:\Windows\system32>DSGET USER CN=USER1,CN=users,DC=bspWeb,DC=local  -hmdir -hmdrv -profile
  hmdir    hmdrv    profile

dsget correcto
```

u) Muestra el directorio particular, la letra de unidad a la que está asignado el directorio particular del usuario (si la ruta de acceso del directorio particular es una ruta UNC). Muestra la ruta del perfil del usuario. Muestra la ruta del script de inicio de sesión del usuario.
```
C:\Windows\system32>DSGET USER CN=USER1,CN=users,DC=bspWeb,DC=local  -hmdir -hmdrv -profile -loscr
  hmdir    hmdrv    profile    loscr

dsget correcto
```

v) Muestra el directorio particular, la letra de unidad a la que está asignado el directorio particular del usuario (si la ruta de acceso del directorio particular es una ruta UNC). Muestra si el usuario tiene que cambiar su contraseña la próxima vez que inicie sesión. Muestra: yes o no. Y además, muestra si el usuario puede cambiar su contraseña o no.
```
C:\Windows\system32>DSGET USER CN=USER1,CN=users,DC=bspWeb,DC=local  -hmdir -mustchpwd -canchpwd
  hmdir    mustchpwd    canchpwd
           no           yes
dsget correcto
```

w) Muestra el directorio particular, la letra de unidad a la que está asignado el directorio particular del usuario (si la ruta de acceso del directorio particular es una ruta UNC). Muestra si el usuario tiene que cambiar su contraseña la próxima vez que inicie sesión. Muestra: yes o no. Y muestra si el usuario puede cambiar su contraseña o no. Muestra si la contraseña del usuario no expira nunca. Muestra: yes o no. Muestra si la cuenta de usuario está deshabilitada para el inicio de sesión o no. Muestra: yes o no. Muestra cuándo expira la cuenta del usuario. Valores mostrados: la fecha en que expirará la cuenta o la cadena "never" si la cuenta no expira nunca.

```
C:\Windows\system32>DSGET USER CN=USER1,CN=users,DC=bspWeb,DC=local  -hmdir  -mustchpwd -canchpwd -pwdneverexpires
    hmdir      mustchpwd      canchpwd      pwdneverexpires
                  no             yes             no
dsget correcto
```

x) Muestra el directorio particular, la letra de unidad a la que está asignado el directorio particular del usuario (si la ruta de acceso del directorio particular es una ruta UNC). Muestra si el usuario tiene que cambiar su contraseña la próxima vez que inicie sesión. Muestra: yes o no. Muestra si el usuario puede cambiar su contraseña o no. Muestra si la contraseña del usuario no expira nunca. Muestra: yes o no. Muestra si la cuenta de usuario está deshabilitada para el inicio de sesión o no. Muestra: yes o no.Muestra cuándo expira la cuenta del usuario. Valores mostrados: la fecha en que expirará la cuenta o la cadena "never" si la cuenta no expira nunca. Se desactiva la cuenta (disable)

```
C:\Windows\system32>DSGET USER CN=USER1,CN=users,DC=bspWeb,DC=local  -hmdir  -mustchpwd -canchpwd -pwdneverexpires -disabled
    hmdir      mustchpwd      canchpwd      pwdneverexpires      disabled
                  no             yes             no
dsget correcto
```

y) Muestra el directorio particular, la letra de unidad a la que está asignado el directorio particular del usuario (si la ruta de acceso del directorio particular es una ruta UNC). Muestra si el usuario tiene que cambiar su contraseña la próxima vez que inicie sesión. Muestra: yes o no. Muestra si el usuario puede cambiar su contraseña o no. Muestra si la contraseña del usuario no expira nunca. Muestra: yes o no. Muestra si la cuenta de usuario está deshabilitada para el inicio de sesión o no. Muestra: yes o no. Muestra cuándo expira la cuenta del usuario. Valores mostrados: la fecha en que expirará la cuenta o la cadena "never" si la cuenta no expira nunca.

```
C:\Windows\system32>DSGET USER CN=USER1,CN=users,DC=bspWeb,DC=local  -hmdir  -mustchpwd -canchpwd -pwdneverexpires -disabled -acctexpires
    hmdir      mustchpwd      canchpwd      pwdneverexpires      acctexpires      disabled
                  no             yes             no                 never           no

dsget correcto
```

z) Muestra el directorio particular, la letra de unidad a la que está asignado el directorio particular del usuario (si la ruta de acceso del directorio particular es una ruta UNC). Muestra si el usuario tiene que cambiar su contraseña la próxima vez que inicie sesión. Muestra: yes o no. Muestra si el usuario puede cambiar su contraseña o no. Muestra si la contraseña del usuario no expira nunca. Muestra: yes o no. Muestra si la cuenta de usuario está deshabilitada para el inicio de sesión o no. Muestra: yes o no.Muestra cuándo expira la cuenta del usuario. Valores mostrados: la fecha en que expirará la cuenta o la cadena "never" si la cuenta no expira nunca. Especifica que la entrada desde la canalización o la salida hacia ésta tiene formato Unicode.

```
C:\Windows\system32>DSGET USER CN=USER1,CN=users,DC=bspWeb,DC=local  -hmdir  -mustchpwd -canchpwd -pwdneverexpires -disabled -acctexpires -uc
    hmdir      mustchpwd      canchpwd      pwdneverexpires      acctexpires      disabled
                  no             yes             no                 never           no

dsget correcto
```

aa) Muestra el directorio particular, la letra de unidad a la que está asignado el directorio particular del usuario (si la ruta de acceso del directorio particular es una ruta UNC). Muestra si el usuario tiene que cambiar su contraseña la próxima vez que inicie sesión. Muestra: yes o no. Muestra si el usuario puede cambiar su contraseña o no. Muestra si la contraseña del usuario no expira nunca. Muestra: yes o no. Muestra si la cuenta de usuario está deshabilitada para el inicio de sesión o no. Muestra: yes o no.Muestra cuándo expira la cuenta del usuario. Valores mostrados: la fecha en que expirará la cuenta o la cadena "never" si la cuenta no expira nunca. Especifica que la salida hacia la canalización o el archivo tiene formato Unicode.

```
C:\Windows\system32>DSGET USER CN=USER1,CN=users,DC=bspWeb,DC=local  -hmdir  -mustchpwd -canchpwd -pwdneverexpires -disabled -acctexpires -uco
?   hmdir      mustchpwd      canchpwd      pwdneverexpires      acctexpires      disabled
                  no             yes             no                 never           no

dsget correcto
```

bb) Muestra el directorio particular, la letra de unidad a la que está asignado el directorio particular del usuario (si la ruta de acceso del directorio particular es una ruta UNC). Muestra si el usuario tiene que cambiar su contraseña la próxima vez que inicie sesión. Muestra: yes o no. Muestra si el usuario puede cambiar su contraseña o no. Muestra si la contraseña del usuario no expira nunca. Muestra: yes o no. Muestra si la cuenta de usuario está deshabilitada para el inicio de sesión o no. Muestra: yes o no.Muestra cuándo expira la cuenta del usuario. Valores mostrados: la fecha en que expirará la cuenta o la cadena "never" si la cuenta no expira nunca. Especifica que la entrada desde la canalización o el archivo tiene formato Unicode y la especificación del canal de entrada.

```
C:\Windows\system32>DSGET USER CN=USER1,CN=users,DC=bspWeb,DC=local  -hmdir  -mustchpwd -canchpwd -
pwdneverexpires -disabled -acctexpires -uci
  hmdir    mustchpwd   canchpwd    pwdneverexpires    acctexpires    disabled
            no          yes          no                 never          no
dsget correcto
```

cc) Muestra el directorio particular, la letra de unidad a la que está asignado el directorio particular del usuario (si la ruta de acceso del directorio particular es una ruta UNC). Muestra si el usuario tiene que cambiar su contraseña la próxima vez que inicie sesión. Muestra: yes o no. Muestra si el usuario puede cambiar su contraseña o no. Muestra si la contraseña del usuario no expira nunca. Muestra: yes o no. Muestra si la cuenta de usuario está deshabilitada para el inicio de sesión o no. Muestra: yes o no.Muestra cuándo expira la cuenta del usuario. Valores mostrados: la fecha en que expirará la cuenta o la cadena "never" si la cuenta no expira nunca. Se conecta a la partición de directorio con el nombre distintivo <DNDePartición>.

```
C:\Windows\system32>DSGET USER CN=USER1,CN=users,DC=bspWeb,DC=local  -hmdir  -mustchpwd -canchpwd -
pwdneverexpires -disabled -acctexpires -part
Error de dsget: No se especificó ningún valor para 'part'.
Escriba dsget /? para obtener ayuda.
```

dd) Muestra el directorio particular, la letra de unidad a la que está asignado el directorio particular del usuario (si la ruta de acceso del directorio particular es una ruta UNC). Muestra si el usuario tiene que cambiar su contraseña la próxima vez que inicie sesión. Muestra: yes o no. Muestra si el usuario puede cambiar su contraseña o no. Muestra si la contraseña del usuario no expira nunca. Muestra: yes o no. Muestra si la cuenta de usuario está deshabilitada para el inicio de sesión o no. Muestra: yes o no.Muestra cuándo expira la cuenta del usuario. Valores mostrados: la fecha en que expirará la cuenta o la cadena "never" si la cuenta no expira nunca. Muestra la cuota efectiva del usuario en la partición de directorio especificada.

```
C:\Windows\system32>DSGET USER CN=USER1,CN=users,DC=bspWeb,DC=local  -hmdir  -mustchpwd -canchpwd -
pwdneverexpires -disabled -acctexpires -qlimit
dsget incorrecto:El parámetro no es correcto.:La partición de directorio no existe en el servidor o
dominio especificado. Compruebe que escribió el nombre de partición correcto
Escriba dsget /? para obtener ayuda.  hmdir    mustchpwd   canchpwd    pwdnever
expires    acctexpires    disabled    qlimit
            no          yes          no          never          no

dsget correcto
```

ee) Muestra el directorio particular, la letra de unidad a la que está asignado el directorio particular del usuario (si la ruta de acceso del directorio particular es una ruta UNC). Muestra si el usuario tiene que cambiar su contraseña la próxima vez que inicie sesión. Muestra: yes o no. Muestra si el usuario puede cambiar su contraseña o no. Muestra si la contraseña del usuario no expira nunca. Muestra: yes o no. Muestra si la cuenta de usuario está deshabilitada para el inicio de sesión o no. Muestra: yes o no. Muestra cuándo expira la cuenta del usuario. Valores mostrados: la fecha en que expirará la cuenta o la cadena "never" si la cuenta no expira nunca. Muestra la cuota efectiva del usuario en la partición de directorio especificada. Muestra qué parte de la cuota usó el usuario en la partición de directorio especificada.

```
C:\Windows\system32>DSGET USER CN=USER1,CN=users,DC=bspWeb,DC=local  -hmdir  -mustchpwd -canchpwd -
pwdneverexpires -disabled -acctexpires -qlimit -qused
dsget incorrecto:El parámetro no es correcto.:La partición de directorio no existe en el servidor o
dominio especificado. Compruebe que escribió el nombre de partición correcto
Escriba dsget /? para obtener ayuda.dsget incorrecto:El parámetro no es correcto.:La partición de di-
rectorio no existe en el servidor o dominio especificado. Compruebe que escribió el nombre de parti-
ción correcto
Escriba dsget /? para obtener ayuda.  hmdir    mustchpwd   canchpwd    pwdneverexpires    acctexpires
disabled    qlimit    qused
            no          yes          no          never          no

dsget correcto
```

PASO 2: NETDOM

Permite a los administradores administrar dominios de Active Directory y relaciones de confianza desde el símbolo del sistema. Debe de existir entre dos árboles de dominio distintos formando un bosque.

PASO 2.1: Consultar la información de las estaciones de trabajo. NETDOM QUERY WORKSTATION

```
C:\Windows\system32>NETDOM QUERY WORKSTATION
Lista de estaciones de trabajo con cuentas en el dominio:

PUESTO05 ( Estación de trabajo o servidor )

PUESTO06 ( Estación de trabajo o servidor )

El comando se completó correctamente.
```

PASO 2.2: Consultar la información del servidor de dominio. NETDOM QUERY SERVER

```
C:\Windows\system32>NETDOM QUERY SERVER
Lista de servidores con cuentas en el dominio:

PUESTO05 ( Estación de trabajo o servidor )

PUESTO06 ( Estación de trabajo o servidor )

El comando se completó correctamente.
```

PASO 2.3: Consulta la lista de los nombres de equipos controlador de dominio. NETDOM QUERY DC

```
C:\Windows\system32>NETDOM QUERY DC
Lista de controladores de dominio con cuentas en el dominio:

SVRPRINC00
SVRPRINC01
El comando se completó correctamente.
```

PASO 2.4: Consultar al dominio la lista de unidades organizativas. NETDOM QUERY OU

```
C:\Windows\system32>NETDOM QUERY OU
La API solicitada no funciona en el servidor remoto.

El comando no se pudo completar correctamente.
```

PASO 2.5: Consultar al dominio la lista actual de propietarios FSMO. NETDOM QUERY FSMO

```
C:\Windows\system32>NETDOM QUERY FSMO
Maestro de esquema       SVRPRINC00.bspWeb.local
Maestro nomencl. dominios SVRPRINC00.bspWeb.local
PDC                      SVRPRINC00.bspWeb.local
Administrador de grupos RID SVRPRINC00.bspWeb.local
Maestro de infraestructura SVRPRINC00.bspWeb.local
El comando se completó correctamente.
```

PASO 2.5: Consultar al dominio la lista de sus confianzas. NETDOM QUERY TRUST

```
c:\windows\system32>NETDOM QUERY TRUST
dirección dominio de confianza\que confía  tipo de confianza
========  ================================  ==================

el comando se completó correctamente.
```

a) Lista información del dominio.
```
c:\windows\system32>NETDOM QUERY PDC
controlador de dominio principal del dominio:

svrprinc00
el comando se completó correctamente.
```

b) Lista información de las cuentas de dominio.
```
c:\windows\system32>NETDOM QUERY DC
lista de controladores de dominio con cuentas en el dominio:

svrprinc00
svrprinc01
el comando se completó correctamente.
```

c) Lista información de la unidad organizativa del dominio.
```
c:\windows\system32>NETDOM QUERY OU
la api solicitada no funciona en el servidor remoto.

el comando no se pudo completar correctamente.
```

d) Lista información de las cuentas de equipos en el dominio de servidor.
```
c:\windows\system32>NETDOM QUERY SERVER
lista de servidores con cuentas en el dominio:

puesto05 ( estación de trabajo o servidor )

puesto06 ( estación de trabajo o servidor )

el comando se completó correctamente.
```

e) Lista información de las estaciones en el dominio.
```
C:\Windows\system32>NETDOM QUERY WORKSTATION
Lista de estaciones de trabajo con cuentas en el dominio:

PUESTO05 ( Estación de trabajo o servidor )

PUESTO06 ( Estación de trabajo o servidor )

El comando se completó correctamente.
```

f) Cambiar el nombre del servidor principal de dominio, primero se especifica el nombre antiguo y después el nuevo nombre. SVR2012BSP es el nuevo nombe.
```
C:\Windows\system32>NETDOM RENAMECOMPUTER SVRPRINC00 /NewName SVR2012BSP
Esta operación cambiará el nombre del equipo SVRPRINC00
a SVR2012BSP.

Algunos servicios, como la entidad de certificación, confían en un nombre de
equipo fijo. Si hay algún servicio de este tipo ejecutándose en SVRPRINC00, un
cambio de nombre de equipo podría tener un efecto negativo.

¿Desea continuar (S o N)?
S
Es necesario reiniciar el equipo para completar la operación.

El comando se completó correctamente.
```

PASO 3: Unir consultas mediante filtros: DSQUERY | DSGET

```
C:\Windows\system32>DSQUERY USER -name a* | DSGET USER -dn -desc
  dn                                            desc

  CN=Administrador,CN=Users,DC=bspWeb,DC=local  Cuenta integrada para la administración del
equipo o dominio
  CN=ana,CN=Users,DC=bspWeb,DC=local

  CN=ALUMNOASIR,OU=NUEVO,DC=bspWeb,DC=local

  CN=ALUMNODAW,OU=NUEVO,DC=bspWeb,DC=local

  CN=ALUMNOJUAN,OU=NUEVO,DC=bspWeb,DC=local

dsget correcto
```
Incluso usando dsquery y dsget juntos podemos llegar a conseguir las direcciones de email de los usuarios que empiecen por ejemplo por **sali***

dsquery user –samid sali* | dsget user -email

PRÁCTICA 6: Visualizar información de objetos y unidades de red del dominio.

DESCRIPCIÓN:

Dsquery: Herramienta por línea de comandos que posibilita hacer búsquedas LDAP según un criterio válido.

Para usar dsquery, debe ejecutar el comando dsquery desde un símbolo del sistema con privilegios elevados. Para abrir un símbolo del sistema con privilegios elevados, el símbolo del sistema debe de ejecutarse como Ejecutar como administrador.

PASO 1: Visualizar información de red y los objetos de red. DSQUERY

DSQUERY

a) Visualizar información de todos los objetos.
   DSQUERY *
b) Obtener información sobre el controlador de dominio.
   DSQUERY SITE
   WHOAMI /FQDN

```
C:\Windows\SYSVOL\sysvol\bspWeb.local>WHOAMI      /FQDN
CN=Administrador,CN=Users,DC=bspWeb,DC=local

C:\Windows\SYSVOL\sysvol\bspWeb.local>DSQUERY   SITE
"CN=Default-First-Site-Name,CN=Sites,CN=Configuration,DC=bspWeb,DC=local"
```

> NOTA: no funciona si no se ha promocionado a Directorio Activo

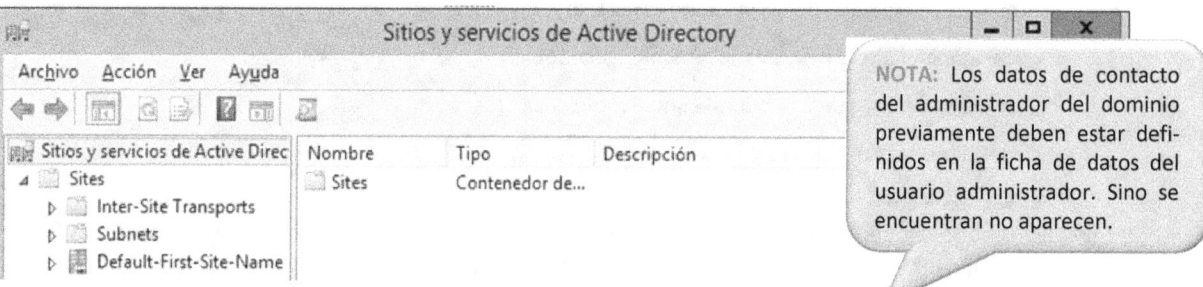

> NOTA: Los datos de contacto del administrador del dominio previamente deben estar definidos en la ficha de datos del usuario administrador. Sino se encuentran no aparecen.

PASO 1.1: Visualizar información de los datos de contacto del administrador AD DS. DSQUERY CONTACT
DSQUERY CONTACT

PASO 1.2: Visualizar información sobre los equipos del dominio. DSQUERY C
DSQUERY COMPUTER
```
C:\Windows\SYSVOL\sysvol\bspWeb.local>DSQUERY COMPUTER
"CN=SVRPRINC00,OU=Domain Controllers,DC=bspWeb,DC=local"
"CN=PUESTO05,CN=Computers,DC=bspWeb,DC=local"
"CN=PUESTO06,CN=Computers,DC=bspWeb,DC=local"
```

> NOTA: En caso que sea un servidor de gama media, en la propia BIOS del equipo se encuentran previamente definidos los datos de contacto con el administrador.

PASO 1.3: Visualizar información sobre los grupos. DSQUERY GROUP
```
C:\Windows\SYSVOL\sysvol\bspWeb.local>dsquery group
"CN=WinRMRemoteWMIUsers__,CN=Users,DC=bspWeb,DC=local"
"CN=Administradores,CN=Builtin,DC=bspWeb,DC=local"
"CN=Usuarios,CN=Builtin,DC=bspWeb,DC=local"
"CN=Invitados,CN=Builtin,DC=bspWeb,DC=local"
"CN=Opers. de impresión,CN=Builtin,DC=bspWeb,DC=local"
"CN=Operadores de copia de seguridad,CN=Builtin,DC=bspWeb,DC=local"
"CN=Duplicadores,CN=Builtin,DC=bspWeb,DC=local"
"CN=Usuarios de escritorio remoto,CN=Builtin,DC=bspWeb,DC=local"
"CN=Operadores de configuración de red,CN=Builtin,DC=bspWeb,DC=local"
"CN=Usuarios del monitor de sistema,CN=Builtin,DC=bspWeb,DC=local"
"CN=Usuarios del registro de rendimiento,CN=Builtin,DC=bspWeb,DC=local"
"CN=Usuarios COM distribuidos,CN=Builtin,DC=bspWeb,DC=local"
"CN=IIS_IUSRS,CN=Builtin,DC=bspWeb,DC=local"
"CN=Operadores criptográficos,CN=Builtin,DC=bspWeb,DC=local"
"CN=Lectores del registro de eventos,CN=Builtin,DC=bspWeb,DC=local"
"CN=Certificate Service DCOM Access,CN=Builtin,DC=bspWeb,DC=local"
"CN=Servidores de acceso remoto RDS,CN=Builtin,DC=bspWeb,DC=local"
"CN=Servidores de extremo RDS,CN=Builtin,DC=bspWeb,DC=local"
"CN=Servidores de administración RDS,CN=Builtin,DC=bspWeb,DC=local"
"CN=Administradores de Hyper-V,CN=Builtin,DC=bspWeb,DC=local"
"CN=Operadores de asistencia de control de acceso,CN=Builtin,DC=bspWeb,DC=local"

"CN=Usuarios de administración remota,CN=Builtin,DC=bspWeb,DC=local"
"CN=Equipos del dominio,CN=Users,DC=bspWeb,DC=local"
"CN=Controladores de dominio,CN=Users,DC=bspWeb,DC=local"
"CN=Administradores de esquema,CN=Users,DC=bspWeb,DC=local"
"CN=Administradores de empresas,CN=Users,DC=bspWeb,DC=local"
"CN=Publicadores de certificados,CN=Users,DC=bspWeb,DC=local"
"CN=Admins. del dominio,CN=Users,DC=bspWeb,DC=local"
"CN=Usuarios del dominio,CN=Users,DC=bspWeb,DC=local"
```

```
"CN=Invitados del dominio,CN=Users,DC=bspWeb,DC=local"
"CN=Propietarios del creador de directivas de grupo,CN=Users,DC=bspWeb,DC=local"

"CN=Servidores RAS e IAS,CN=Users,DC=bspWeb,DC=local"
"CN=Opers. de servidores,CN=Builtin,DC=bspWeb,DC=local"
"CN=Opers. de cuentas,CN=Builtin,DC=bspWeb,DC=local"
"CN=Acceso compatible con versiones anteriores de Windows 2000,CN=Builtin,DC=bsp
Web,DC=local"
"CN=Creadores de confianza de bosque de entrada,CN=Builtin,DC=bspWeb,DC=local"
"CN=Grupo de acceso de autorización de Windows,CN=Builtin,DC=bspWeb,DC=local"
"CN=Servidores de licencias de Terminal Server,CN=Builtin,DC=bspWeb,DC=local"
"CN=Grupo de replicación de contraseña RODC permitida,CN=Users,DC=bspWeb,DC=loca
l"
"CN=Grupo de replicación de contraseña RODC denegada,CN=Users,DC=bspWeb,DC=local
"
"CN=Controladores de dominio de sólo lectura,CN=Users,DC=bspWeb,DC=local"
"CN=Enterprise Domain Controllers de sólo lectura,CN=Users,DC=bspWeb,DC=local"
"CN=Controladores de dominio clonables,CN=Users,DC=bspWeb,DC=local"
"CN=Protected Users,CN=Users,DC=bspWeb,DC=local"
"CN=DnsAdmins,CN=Users,DC=bspWeb,DC=local"
"CN=DnsUpdateProxy,CN=Users,DC=bspWeb,DC=local"
"CN=Usuarios de DHCP,CN=Users,DC=bspWeb,DC=local"
"CN=Administradores de DHCP,CN=Users,DC=bspWeb,DC=local"
"CN=SMR22,CN=Users,DC=bspWeb,DC=local"
"CN=SEGUNDO,CN=Users,DC=bspWeb,DC=local"
```

PASO 1.4: Visualizar información de los contenedores de las unidades organizativas. DSQUERY OU
```
C:\Windows\SYSVOL\sysvol\bspWeb.local>dsquery ou
"OU=Domain Controllers,DC=bspWeb,DC=local"
```

PASO 1.5: Visualizar información del servidor de dominio. DSQUERY SERVER
```
C:\Windows\SYSVOL\sysvol\bspWeb.local>dsquery server
"CN=SVRPRINC00,CN=Servers,CN=Default-First-Site-Name,CN=Sites,CN=Configuration,D
C=bspWeb,DC=local"
```

PASO 1.6: Visualizar información de los usuarios del dominio. DSQUERY USER
```
C:\Windows\SYSVOL\sysvol\bspWeb.local>DSQUERY USER
"CN=Administrador,CN=Users,DC=bspWeb,DC=local"
"CN=Invitado,CN=Users,DC=bspWeb,DC=local"
"CN=krbtgt,CN=Users,DC=bspWeb,DC=local"
"CN=RUBEN,CN=Users,DC=bspWeb,DC=local"
"CN=ADRIAN,CN=Users,DC=bspWeb,DC=local"
"CN=JORGE,CN=Users,DC=bspWeb,DC=local"
"CN=ASER,CN=Users,DC=bspWeb,DC=local"
```

PASO 1.7: Visualizar información de las cuotas de disco y de directorios. DSQUERY QUOTA
```
DSQUERY QUOTA
DSQUERY QUOTA DOMAINROOT
```

PASO 1.8: Visualizar información por la búsqueda de sitios en el directorio Activo. DSQUERY SITE
```
C:\Windows\system32> DSQUERY SITE
"CN=Default-First-Site-Name,CN=Sites,CN=Configuration,DC=dawprog0,DC=local"
```

PASO 1.8: Buscar objetos de partición de Directorio Activo. DSQUERY PARTITION
```
C:\Windows\system32> DSQUERY PARTITION
"CN=Configuration,DC=dawprog0,DC=local"
"DC=dawprog0,DC=local"
"CN=Schema,CN=Configuration,DC=dawprog0,DC=local"
"DC=DomainDnsZones,DC=dawprog0,DC=local"
"DC=ForestDnsZones,DC=dawprog0,DC=local"
```

PASO 1.9: Visualizar por Formato de salida. DSQUERY PARTITION -O DN
```
C:\Windows\system32>DSQUERY PARTITION -o dn
"CN=Configuration,DC=dawprog0,DC=local"
"DC=dawprog0,DC=local"
"CN=Schema,CN=Configuration,DC=dawprog0,DC=local"
"DC=DomainDnsZones,DC=dawprog0,DC=local"
"DC=ForestDnsZones,DC=dawprog0,DC=local"

C:\Windows\system32>DSQUERY PARTITION -o rdn
"Enterprise Configuration"
"DAWPROG0"
"Enterprise Schema"
"ce9a0b60-1091-4c84-8c98-b21b3d4c15cc"
"dd995531-7dc2-4b21-a19d-a404e16bf405"
```

PASO 1.10: Visualizar por objetos de partición. DSQUERY PARTITION -PART DAW*
```
C:\Windows\system32>DSQUERY PARTITION -part DAW*
"DC=dawprog0,DC=local"
```

PASO 1.11: Visualizar por Dominio. DSQUERY PARTITION -S DAWPROG0
```
C:\Windows\system32>DSQUERY PARTITION -s dawprog0
"CN=Configuration,DC=dawprog0,DC=local"
"DC=dawprog0,DC=local"
"CN=Schema,CN=Configuration,DC=dawprog0,DC=local"
"DC=DomainDnsZones,DC=dawprog0,DC=local"
"DC=ForestDnsZones,DC=dawprog0,DC=local"
```

PASO 1.12: Visualizar por Servidor. DSQUERY PARTITION -S WIN-2OIUP9JNGLS
```
C:\Windows\system32>DSQUERY PARTITION -s WIN-2OIUP9JNGLS
"CN=Configuration,DC=dawprog0,DC=local"
"DC=dawprog0,DC=local"
"CN=Schema,CN=Configuration,DC=dawprog0,DC=local"
"DC=DomainDnsZones,DC=dawprog0,DC=local"
"DC=ForestDnsZones,DC=dawprog0,DC=local"
```

PASO 2: Variables de ambiente SET

Las variables de ambiente o de sistema pueden tener alcance:
- **Global:** Las que se definen en el prompt con SET, o dentro de cualquier fichero por lotes.
- **Local**: se encuentran definidas dentro de un fichero por lotes entre SETLOCAL y ENDLOCAL.

a) Ayuda variables de ambiente, en la línea de comandos.
   SET /?
b) Visualizar todas las variables del sistema.
   SET
c) Visualizar todas las variables que comiencen por las letras indicadas.
   SET A
   SET PA
```
C:\Windows\system32>SET A
ALLUSERSPROFILE=C:\ProgramData
APPDATA=C:\Users\Administrador\AppData\Roaming

C:\Windows\system32>SET PA
Path=C:\Windows\system32;C:\Windows;C:\Windows\System32\Wbem;C:\Windows\System32
\WindowsPowerShell\v1.0\
PATHEXT=.COM;.EXE;.BAT;.CMD;.VBS;.VBE;.JS;.JSE;.WSF;.WSH;.MSC
```

> **NOTA:** si se especifica las variables entre:
> SETLOCAL
> SET A=5
> ....
> ENDLOCAL
> Son variables locales, sino son globales.

d) Utilización de las variables en los ficheros .BAT .CMD
   d.1) Ámbito locales. Se define en las primeras líneas del fichero. A partir de ese momento todas las variables que se definan son de ámbito local al fichero por lotes, cuando se termina o se destruye la variable utilizada. El fichero se debe finalizar con ENDLOCAL y comenzar por SETLOCAL.
      SETLOCAL
   d.2) La finalización del ámbito de las variables locales en un fichero por lotes. Una variable tiene vigencia desde SETLOCAL hasta ENDLOCAL.
      ENDLOCAL
   d.3) Crear una variable o definir una variable.
      SET nombre=valor
   d.4) Borrar una variable o destruirla, se iguala a nada.
      SET nombre=
   d.5) Leer una variable desde el teclado. El valor que se especifica en la igualdad es la cadena que aparece en la pregunta de solicitud del valor. Si no se introduce ningún valor la variable no existe.
      SET /P nombre=Cadena a visualizar o pregunta
```
C:\Users\baldo>SET   /P    nombre=Cadena a visualizar o pregunta
Cadena a visualizar o pregunta
```
   d.6) Operar con variables numéricas, utilizando variables por sustitución de su valor %variable% , con operadores:

```
C:\Windows\system32>SET a= 5

C:\Windows\system32>SET b=6

C:\Windows\system32>SET     /A     resul=%a%   +    %b%
11
```

> Si la asignación a una variable es correcta aparece una línea en blanco y después el PROMPT

   d.7) Lee una variable de sistema y reemplazar por su valor.
       Acceder al directorio de trabajo del usuario.
          CD \%USERPROFILE%

Visualizar el nombre del servidor, definido en la variable LOGONSERVER.
```
ECHO   %LOGONSERVER%
\\SVRPRINC00
```

d.8) Variables de cadena utilizando concatenación (SUMA DE CARACTERES).
```
C:\Users\aprendiz>SET    DATO1="HOLA QUE TAL"

C:\Users\aprendiz>SET    DATO2="JUAN"

C:\Users\aprendiz>SET    SALIDA=%DATO1% %DATO2%

C:\Users\aprendiz>ECHO       RESULTADO ES: %SALIDA%
    RESULTADO ES: "HOLA QUE TAL" "JUAN"
```

PASO 3: Variables de ambiente almacenadas en el registro o permanentes. SETX

a) Variables almacenadas en el registro o permanentes.
   SETX

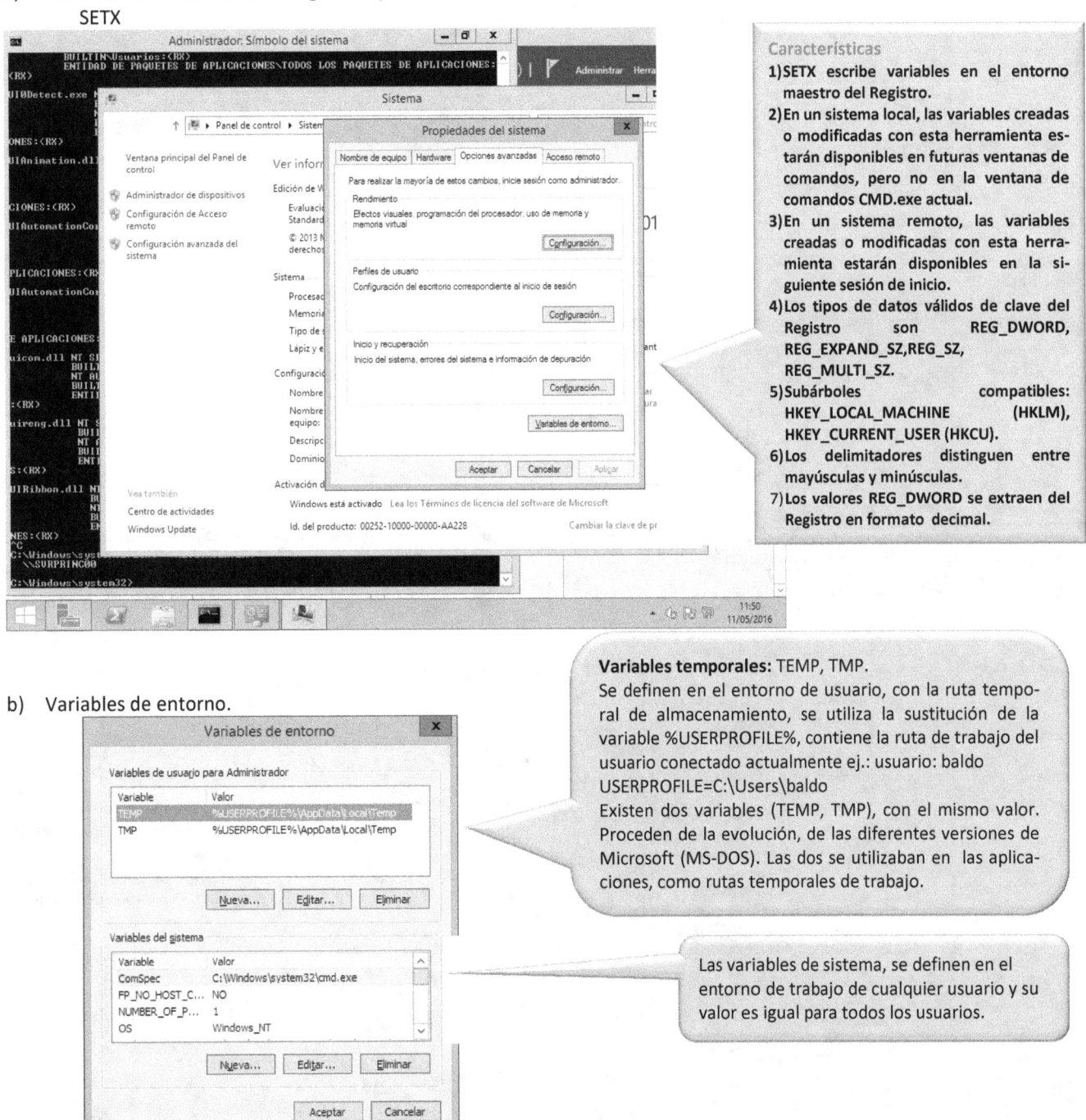

b) Variables de entorno.

Variables temporales: TEMP, TMP.
Se definen en el entorno de usuario, con la ruta temporal de almacenamiento, se utiliza la sustitución de la variable %USERPROFILE%, contiene la ruta de trabajo del usuario conectado actualmente ej.: usuario: baldo
USERPROFILE=C:\Users\baldo
Existen dos variables (TEMP, TMP), con el mismo valor. Proceden de la evolución, de las diferentes versiones de Microsoft (MS-DOS). Las dos se utilizaban en las aplicaciones, como rutas temporales de trabajo.

Las variables de sistema, se definen en el entorno de trabajo de cualquier usuario y su valor es igual para todos los usuarios.

Características
1) SETX escribe variables en el entorno maestro del Registro.
2) En un sistema local, las variables creadas o modificadas con esta herramienta estarán disponibles en futuras ventanas de comandos, pero no en la ventana de comandos CMD.exe actual.
3) En un sistema remoto, las variables creadas o modificadas con esta herramienta estarán disponibles en la siguiente sesión de inicio.
4) Los tipos de datos válidos de clave del Registro son REG_DWORD, REG_EXPAND_SZ, REG_SZ, REG_MULTI_SZ.
5) Subárboles compatibles: HKEY_LOCAL_MACHINE (HKLM), HKEY_CURRENT_USER (HKCU).
6) Los delimitadores distinguen entre mayúsculas y minúsculas.
7) Los valores REG_DWORD se extraen del Registro en formato decimal.

Se establece previamente una conexión al dominio gencast.local con el usuario (Administrador) con la password y se define la variable de sistema operativo Variable-baldo con su valor. Se ejecuta desde un cliente ajeno al dominio.
```
C:\Users\aprendiz> setx /s SVR-BSP-00 /U gencast.local\Administrador /P Practica2016* Variable-
baldo "Ya estoy definiendo un valor en el servidor"  /M
```

```
CORRECTO: se guardó el valor especificado.
```

Accedemos al servidor, para comprobar que se ha definido correctamente la Variable-baldo, en el registro desde un cliente del dominio.

    Inicio
        Ejecutar
            C:\> REGEDIT

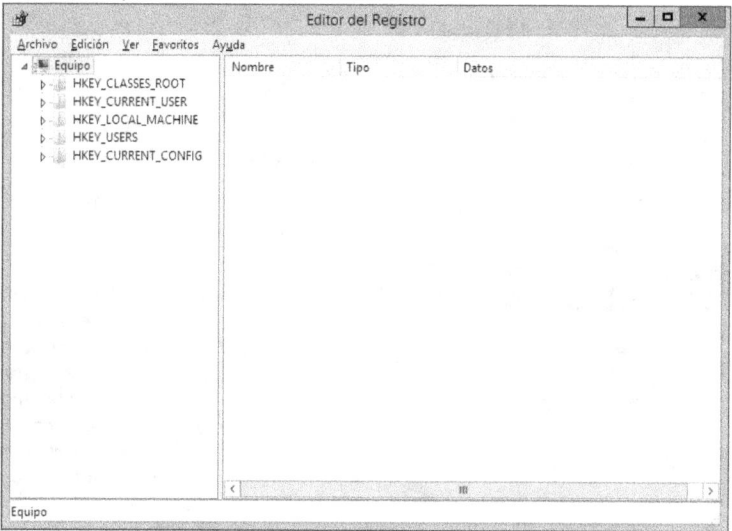

Edición
    Buscar (ó F3)

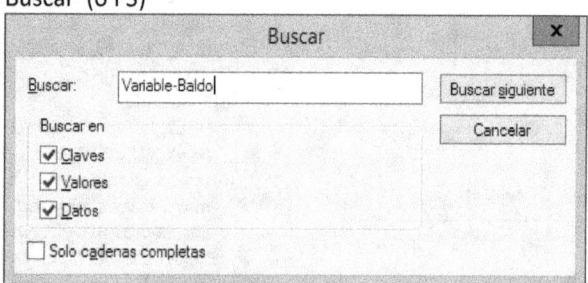

En el servidor nos aparecerá.

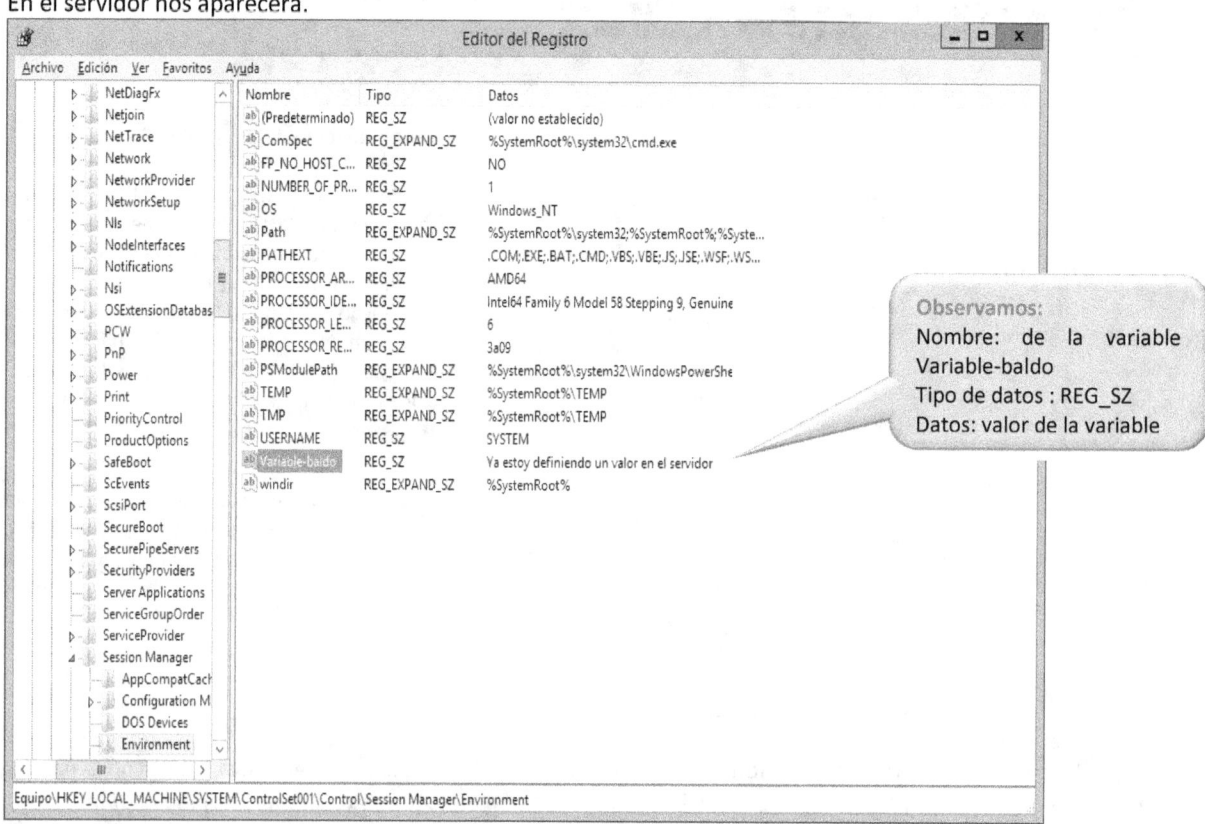

Observamos:
Nombre: de la variable Variable-baldo
Tipo de datos : REG_SZ
Datos: valor de la variable

PRÁCTICA 7: Visualizar y establecer el sistema de particiones y cuotas, en AD DS.

DESCRIPCIÓN:
Hay dos tipos básicos de las cuotas de disco.
- **Cuota de uso o cuota de bloques**, limita la cantidad de espacio en disco que puede ser utilizado.
- **Cuota de archivo o de inodo**, limita el número de archivos y directorios que se pueden crear.

Además, los administradores suelen definir un nivel de advertencia, o cuota blanda, en la que se informa al usuario que se están acercando a su límite, que es menor que el límite efectivo, o cuota dura.

Puede existir un intervalo de gracia pequeño, lo que permite a los usuarios violar temporalmente sus cuotas en ciertas cantidades, si es necesario. Cuando una cuota blanda es violada, el sistema envía normalmente al usuario (y en ocasiones al administrador también) algún tipo de mensaje.

Es el administrador del sistema quien define una cuota de uso para un determinado usuario o grupo.

PASO 1: Visualizar información de las cuotas de disco y de directorios. DSQUERY QUOTA

  DSQUERY QUOTA
  DSQUERY QUOTA DOMAINROOT

PASO 2: Información del sistema. FSUTIL

  FSUTIL

PASO 2.1: Visualizar información del volumen. FSUTIL FSINFO NTFSINFO

```
FSUTIL  FSINFO NTFSINFO  C:
C:\Windows\SYSVOL\sysvol\bspWeb.local>FSUTIL    FSINFO NTFSINFO   C:
Número de serie de volumen NTFS:         0x1030ed8f30ed7bda
Versión de NTFS:                         3.1
Versión de LFS:                          2.0
Número de sectores:                      0x00000000063507ff
Total de clústeres:                      0x0000000000c6a0ff
Clústeres disponibles:                   0x0000000000a329b0
Total de clústeres reservados:           0x0000000000021040
Bytes por sector:                        512
Bytes por sector físico:                 512
Bytes por clúster:                       4096
Bytes por segmento de registro de archivo:   1024
Clústeres por segmento de registro de archivo: 0
Tamaño válido de datos MFT:              0x0000000005600000
LCN de inicio de MFT:                    0x00000000000c0000
LCN de inicio de MFT2:                   0x0000000000000002
Inicio de zona MFT:                      0x00000000000c5600
Fin de zona MFT:                         0x00000000000cc820
Id. de Administrador de recursos:    D9C0935D-637E-11E5-B6D0-830DE79AC86A
```

PASO 2.2: Visualizar información del volumen del sistema de ficheros. FSUTIL FSINFO VOLUMEINFO

```
FSUTIL FSINFO VOLUMEINFO  C:
C:\Windows\SYSVOL\sysvol\bspWeb.local> FSUTIL    FSINFO   VOLUMEINFO    C:
Nombre de volumen:
Número de serie de volumen: 0x30ed7bda
Longitud de componente máxima: 255
Nombre del sistema de archivos: NTFS
Es de lectura y escritura
Es compatible con nombres de archivos en mayúsculas y minúsculas
Conservar mayúsculas y minúsculas en los nombres de archivos
Es compatible con Unicode en nombres de archivos
Conserva y aplica ACL
Es compatible con la compresión basada en archivos
Es compatible con cuotas de discos
Es compatible con archivos dispersos
Es compatible con puntos de reprocesamiento
Es compatible con identificadores de objeto
Es compatible con el Sistema de cifrado de archivos
Es compatible con secuencias con nombre
Admite transacciones
Admite vínculos físicos
Admite atributos extendidos
Admite apertura por identificador de archivo
Admite diario USN

ACL:  cacls, icacls
```

PASO 2.3: Establecer una cuota de disco. FSUTIL QUOTA MODIFY

FSUTIL QUOTA MODIFY avisa max-tamaño nombre de usuario
FSUTIL QUOTA MODIFY C: 5242880 6291456 ASER

NOTA: Establecer la compartición de cuotas para un usuario concreto.

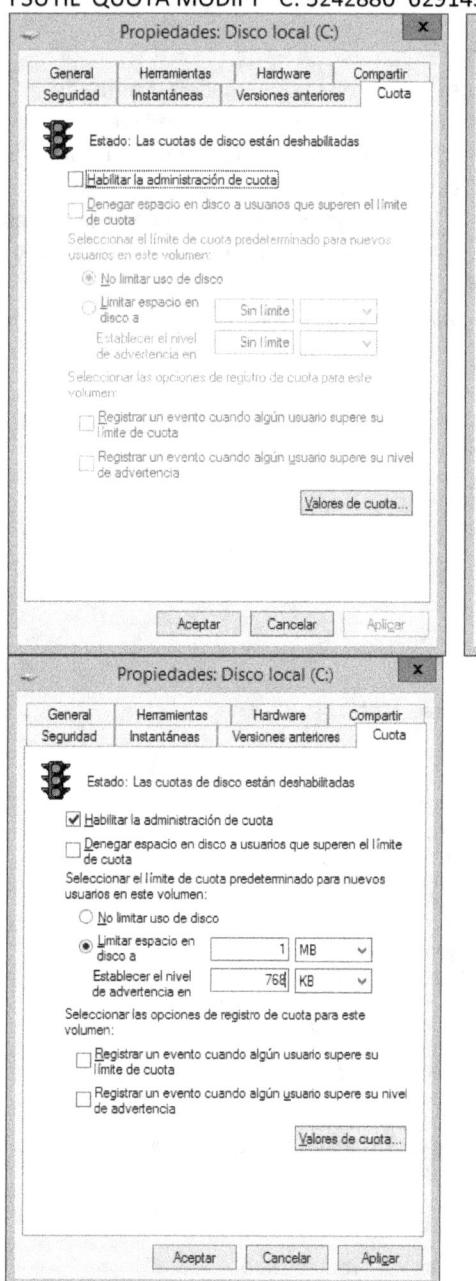

Boton Valores de cuota...

Aparece la siguiente ventana "Entradas de cuota para (C:)"

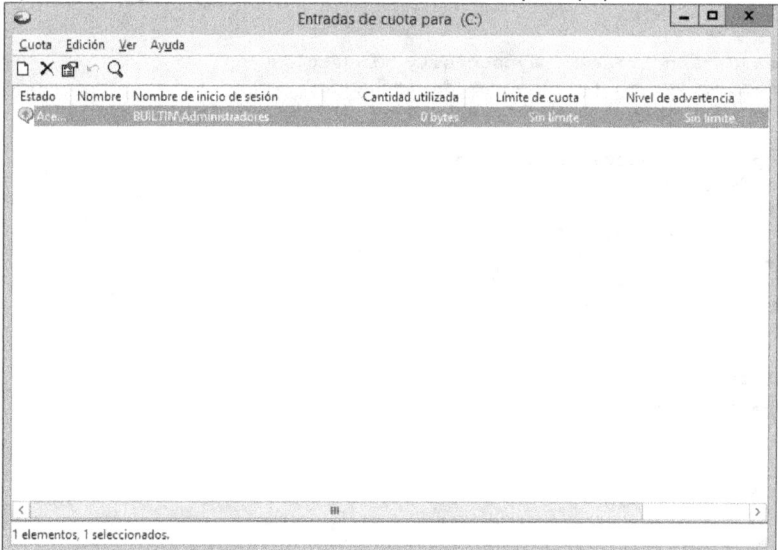

Se observa los valores de cuotas que están establecidos por defecto

Se establece a un usuario concreto ASER una cuota máxima o límite de cuota a 6 Mbytes, y un nivel de advertencia cuando llegue a los 5 Mbytes.

C:\> FSUTIL QUOTA MODIFY C: 5242880 6291456 ASER

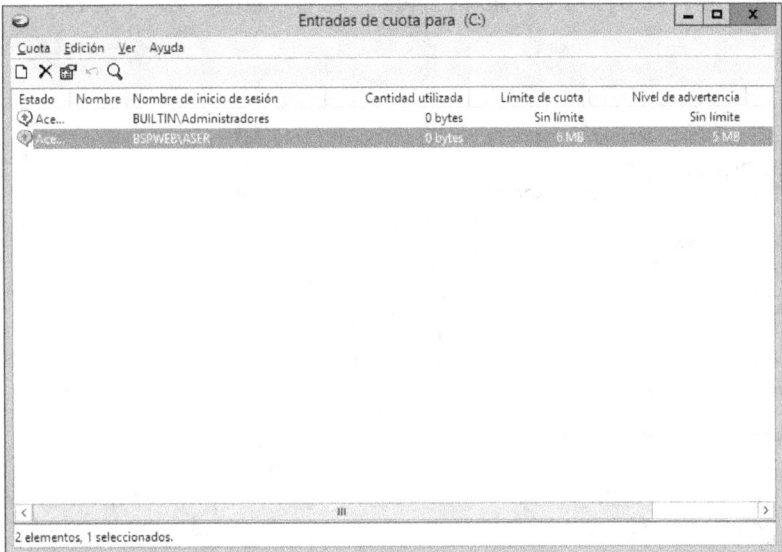

OBSERVAR: Damos de alta un usuario con el límite de cuota y el nivel de advertencia.

Se establece a un usuario concreto ADRIAN una cuota máxima o límite de cuota a 3 Mbytes, y un nivel de advertencia cuando llegue a los 2,6 Mbytes.

C:\> FSUTIL QUOTA MODIFY C: 2726298 3145728 ADRIAN

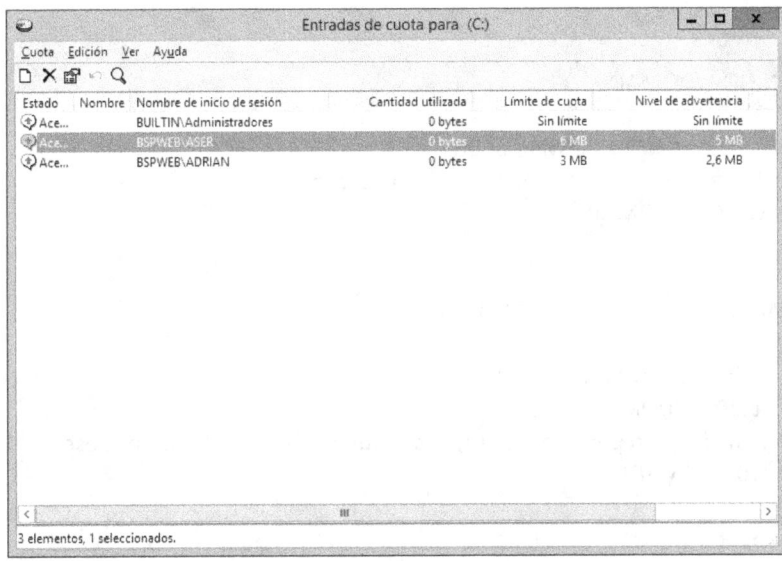

OBSERVAR: Al dar de alta un usuario con el límite de cuota y el nivel de advertencia.

PRÁCTICA 8: Restricciones de Windows a nivel de claves, en AD DS.

DESCRIPCIÓN:

NET ACCOUNTS actualiza la base de datos de cuentas de usuario y modifica los requisitos de contraseña y de inicio de sesión para todas las cuentas.

Cuando se usa sin opciones, NET ACCOUNTS muestra los valores actuales de la contraseña, límites de inicio de sesión e información de dominio.

    NET ACCOUNTS

PASO 1: Visualizar las directivas de bloqueo. NET ACCOUNTS

a) Visualizar las directivas básicas de bloqueo.

```
C:\Windows\SYSVOL\sysvol\bspWeb.local>NET ACCOUNTS
Tiempo antes del cierre forzado:                Nunca
Duración mín. de contraseña (días):             1
Duración máx. de contraseña (días):             42
Longitud mínima de contraseña:                  7
Duración del historial de contraseñas:          24
Umbral de bloqueo:                              Nunca
Duración de bloqueo (minutos):                  30
Ventana de obs. de bloqueo (minutos):           30
Rol del servidor:                               PRINCIPAL
Se ha completado el comando correctamente.
```

> **NET ACCOUNTS**
> [/FORCELOGOFF:{minutos | NO}]
> [/MINPWLEN:longitud]
> [/MAXPWAGE:{días | UNLIMITED}]
> [/MINPWAGE:días]
> [/UNIQUEPW:número] [/DOMAIN]

b) Establecer el bloqueo de cierre forzado a 15 min.
    NET ACCOUNTS /FORCELOGOFF:15 /DOMAIN
    NET ACCOUNTS

c) Estable el tiempo de cierre forzado a NUNCA.
    NET ACCOUNTS /FORCELOGOFF:NO /DOMAIN
    NET ACCOUNTS

d) Establecer el número mínimo de caracteres que forman la contraseña será de 5.
    NET ACCOUNTS /MINPWLEN:5 /DOMAIN
    NET ACCOUNTS
    NET ACCOUNTS /MINPWLEN:NO /DOMAIN
    NET ACCOUNTS /HELP

Puede obtener más ayuda con el comando NET HELPMSG 3506.

e) Establecer el número de días que la clave es válida. Después expira la cuenta.
    NET ACCOUNTS /MAXPWAGE: 60 /DOMAIN
    NET ACCOUNTS

f) La clave no expira nunca.
    NET ACCOUNTS /MAXPWAGE:UNLIMITED /DOMAIN
    NET ACCOUNTS

g) Número de días que dura como mínimo la clave (defecto=0).
    NET ACCOUNTS /MINPWAGE:40 7DOMAIN

h) Número de claves que se almacenan (24), no permite repetir, hasta que no se cambien la clave ese número de veces.
    NET ACCOUNT /UNIQUEPW:10 /DOMAIN

PASO 2: Actualizar las directivas, de un cliente o un servidor. GPUPDATE

    GPUPDATE

a) Forzar a actualizar, las directivas.
    GPUPDATE /FORCE

> Es aconsejable su ejecución una vez cambiados los valores de las directivas. Con independencia de su cambio en entorno gráfico o línea de comandos.

PASO 3: Visualizar información del equipo directivas. GPRESULT

    GPRESULT

a) Visualizar un resumen normal de las directivas del equipo.
    GPRESULT /R

```
C:\Windows\SYSVOL\sysvol\bspWeb.local>GPRESULT /R

Herramienta de resultados para la Directiva de grupos del
sistema operativo Microsoft (R) Windows (R) v2.0
© 2013 Microsoft Corporation. Todos los derechos reservados.

Creado el 13/05/2016 a las 13:34:45


RSOP datos para BSPWEB\Administrador en SVRPRINC00 : modo de inicio de sesión
--------------------------------------------------------------------------------
```

```
Configuración del sistema operativo: Controlador de dominio principal
Versión del sistema operativo:       6.3.9600
Nombre de sitio:                     Default-First-Site-Name
Perfil móvil:            n/a
Perfil local:                        C:\Users\Administrador
¿Conectado a un vínculo de baja velocidad?: No


CONFIGURACIÓN DE EQUIPO
-----------------------
    CN=SVRPRINC00,OU=Domain Controllers,DC=bspWeb,DC=local
    Última vez que se aplicó la Directiva de grupo: 13/05/2016 a las 13:31:24
    Directivas de grupo aplicadas desdeSVRPRINC00.bspWeb.local
    Umbral del vínculo de baja velocidad de las Directivas de grupo:500 kbps
    Nombre de dominio:               BSPWEB
    Tipo de dominio:                 Windows 2008 o posterior

    Objetos de directiva de grupo aplicados
    ---------------------------------------
        Default Domain Controllers Policy
        Default Domain Policy

    Los objetos GPO siguientes no se aplicaron porque fueron filtrados
    -----------------------------------------------------------------
        Directiva de grupo local
            Filtrar:  No aplicado (vacío)

    El equipo es miembro de los grupos de seguridad siguientes
    ----------------------------------------------------------
        Administradores
        Todos
        Usuarios
        Acceso compatible con versiones anteriores de Windows 2000
        Grupo de acceso de autorización de Windows
        NT AUTHORITY\NETWORK
        Usuarios autentificados
        Esta compañía
        SVRPRINC00$
        Controladores de dominio
        NT AUTHORITY\ENTERPRISE DOMAIN CONTROLLERS
        Identidad afirmada de la autoridad de autenticación
        Grupo de replicación de contraseña RODC denegada
        Nivel obligatorio del sistema


CONFIGURACIÓN DE USUARIO
------------------------
    CN=Administrador,CN=Users,DC=bspWeb,DC=local
    Última vez que se aplicó la Directiva de grupo: 13/05/2016 a las 13:21:00
    Directivas de grupo aplicadas desdeSVRPRINC00.bspWeb.local
    Umbral del vínculo de baja velocidad de las Directivas de grupo:500 kbps
    Nombre de dominio:               BSPWEB
    Tipo de dominio:                 Windows 2008 o posterior

    Objetos de directiva de grupo aplicados
    ---------------------------------------
        n/a

    Los objetos GPO siguientes no se aplicaron porque fueron filtrados
    -----------------------------------------------------------------
        Directiva de grupo local
            Filtrar:  No aplicado (vacío)

    El usuario es parte de los siguientes Grupos de seguridad
    ---------------------------------------------------------
        Usuarios del dominio
        Todos
        Administradores
        Usuarios
        Acceso compatible con versiones anteriores de Windows 2000
        NT AUTHORITY\INTERACTIVE
        INICIO DE SESIÓN EN LA CONSOLA
        Usuarios autentificados
        Esta compañía
        LOCAL
        Propietarios del creador de directivas de grupo
        Admins. del dominio
        Administradores de empresas
        Administradores de esquema
        Identidad afirmada de la autoridad de autenticación
        Grupo de replicación de contraseña RODC denegada
        Nivel obligatorio alto
```

b) Visualizar un resumen ampliado de la directiva del equipo.
   GPRESULT /Z
c) Visualizar información a nivel de un ámbito de usuarios.
   GPRESULT /SCOPE /USER --> nota ?
d) Visualizar información de un sistema en un dominio y con un usuario, visualizar detalladamente.
   d.1) Desde un equipo Windows 10 Profesional.
   d.2) Desde un servidor de dominio.

```
C:\Windows\system32>GPRESULT /S SVR-BSP-00 /u bspWeb.local\Administrador  /P Practica2017* /V
ADVERTENCIA: Omitiendo las credenciales de usuario para el sistema local.
Herramienta de resultados para la Directiva de grupos del sistema operativo Microsoft (R) Windows (R)
v2.0. 2013 Microsoft Corporation. Todos los derechos reservados.

Creado el 08/07/2016 a las 20:49:45

RSOP datos para BSPWEB\Administrador en SVR-BSP-00 : modo de inicio de sesión
--------------------------------------------------------------------------
Configuración del sistema operativo: Controlador de dominio principal
Versión del sistema operativo:      6.3.9600
Nombre de sitio:                    Default-First-Site-Name
Perfil móvil:             n/a
Perfil local:                       C:\Users\Administrador
¨Conectado a un vínculo de baja velocidad?: No

CONFIGURACIÓN DE EQUIPO
-----------------------
    CN=SVR-BSP-00,OU=Domain Controllers,DC=bspWeb,DC=local última vez que se aplicó la Directiva de
grupo: 08/07/2016 a las 20:47:49
    Directivas de grupo aplicadas desdeSVR-BSP-00.bspWeb.local
    Umbral del vínculo de baja velocidad de las Directivas de grupo:500 kbps
    Nombre de dominio:              BSPWEB
    Tipo de dominio:                Windows 2008 o posterior

    Objetos de directiva de grupo aplicados
    ---------------------------------------
        Default Domain Controllers Policy
        Default Domain Policy

    Los objetos GPO siguientes no se aplicaron porque fueron filtrados
    ------------------------------------------------------------------
        Directiva de grupo local
            Filtrar:  No aplicado (vacío)

    El equipo es miembro de los grupos de seguridad siguientes
    ----------------------------------------------------------
        Administradores
        Todos
        Acceso compatible con versiones anteriores de Windows 2000
        Usuarios
        Grupo de acceso de autorización de Windows
        NT AUTHORITY\NETWORK
        Usuarios autentificados
        Esta compañía
        SVR-BSP-00$
        Controladores de dominio
        NT AUTHORITY\ENTERPRISE DOMAIN CONTROLLERS
        Identidad afirmada de la autoridad de autenticación
        Grupo de replicación de contraseña RODC denegada
        Nivel obligatorio del sistema

    Conjunto resultante de directivas para el equipo
    ------------------------------------------------

        Instalaciones de software
        -------------------------
            n/a

        Scripts de inicio
        -----------------
            n/a

        Scripts de apagado
        ------------------
            n/a

        Directivas de cuenta
        --------------------
            GPO: Default Domain Policy
                Directiva:            MaxRenewAge
                Configuración de equipo:  7
```

```
GPO: Default Domain Policy
    Directiva:          MaximumPasswordAge
    Configuración de equipo:   42

GPO: Default Domain Policy
    Directiva:          MinimumPasswordAge
    Configuración de equipo:   1

GPO: Default Domain Policy
    Directiva:          MaxServiceAge
    Configuración de equipo:   600

GPO: Default Domain Policy
    Directiva:          LockoutBadCount
    Configuración de equipo:   n/a

GPO: Default Domain Policy
    Directiva:          MaxClockSkew
    Configuración de equipo:   5

GPO: Default Domain Policy
    Directiva:          MaxTicketAge
    Configuración de equipo:   10

GPO: Default Domain Policy
    Directiva:          PasswordHistorySize
    Configuración de equipo:   24

GPO: Default Domain Policy
    Directiva:          MinimumPasswordLength
    Configuración de equipo:   7

Directiva de auditoría
----------------------
    n/a

Derechos de usuario
-------------------
    GPO: Default Domain Controllers Policy
        Directiva:          MachineAccountPrivilege
        Configuración de equipo:   Usuarios autentificados

    GPO: Default Domain Controllers Policy
        Directiva:          ChangeNotifyPrivilege
        Configuración de equipo:   Todos
                            SERVICIO LOCAL
                            Servicio de red
                            Administradores
                            Window Manager\Window Manager Group
                            Usuarios autentificados
                            Acceso compatible con versiones anteriores de Windows 2000
. . .
```

PRÁCTICA 9: Analizar y ver las sesiones protocolos y procesos en ejecución.

DESCRIPCIÓN:

El **nivel de sesión** o **capa de sesión**, pertenece al quinto nivel del modelo **OSI**, que proporciona los mecanismos para controlar el diálogo entre las aplicaciones de los sistemas finales y comunicación con niveles inferiores, pueden ser prescindibles aunque en algunas aplicaciones su utilización es obligatoria.

La capa de sesión proporciona los siguientes servicios:
- **Control del Diálogo**: (full-duplex, half-duplex), la comunicación es Duplex.
- **Agrupamiento**: El flujo de datos se puede marcar para definir grupos de datos.
- **Recuperación**: La capa de sesión puede proporcionar un procedimiento de puntos de comprobación, de forma que si ocurre algún tipo de fallo entre puntos de comprobación, la entidad de sesión puede retransmitir todos los datos desde el último punto de comprobación y no desde el principio.

Protocolos de la capa de sesión

- **Protocolo RCP (llamada a procedimiento remoto)**: es un protocolo que permite a un programa de ordenador ejecutar código en otra máquina remota sin tener que preocuparse por las comunicaciones entre ambos. El protocolo es un gran avance sobre los sockets usados hasta el momento. Las RPC son muy utilizadas dentro del paradigma cliente-servidor. Siendo el cliente el que inicia el proceso solicitando al servidor que ejecute cierto procedimiento o función y enviando éste de vuelta el resultado de dicha operación al cliente. Hoy en día se está utilizando el XML como lenguaje para definir el IDL y el HTTP como protocolo de red,
- **SCP (protocolo de comunicación simple)**: El protocolo SCP es básicamente idéntico al protocolo RCP diferencia de este, los datos son cifrados durante su transferencia, para evitar que potenciales packet sniffers extraigan información útil de los paquetes de datos. Sin embargo, el protocolo mismo no provee autenticación y seguridad; sino que espera que el protocolo subyacente, SSH, lo asegure.
- **ASP (Protocolo de sesión APPLE TALK)**: Fue desarrollado por Apple Computers, ofrece establecimiento de la sesión, mantenimiento y desmontaje, así como la secuencia petición. ASP es un protocolo intermedio que se basa en la parte superior de AppleTalk Protocolo de transacciones (ATP), que es el original fiable de nivel de sesión protocolo de AppleTalk.

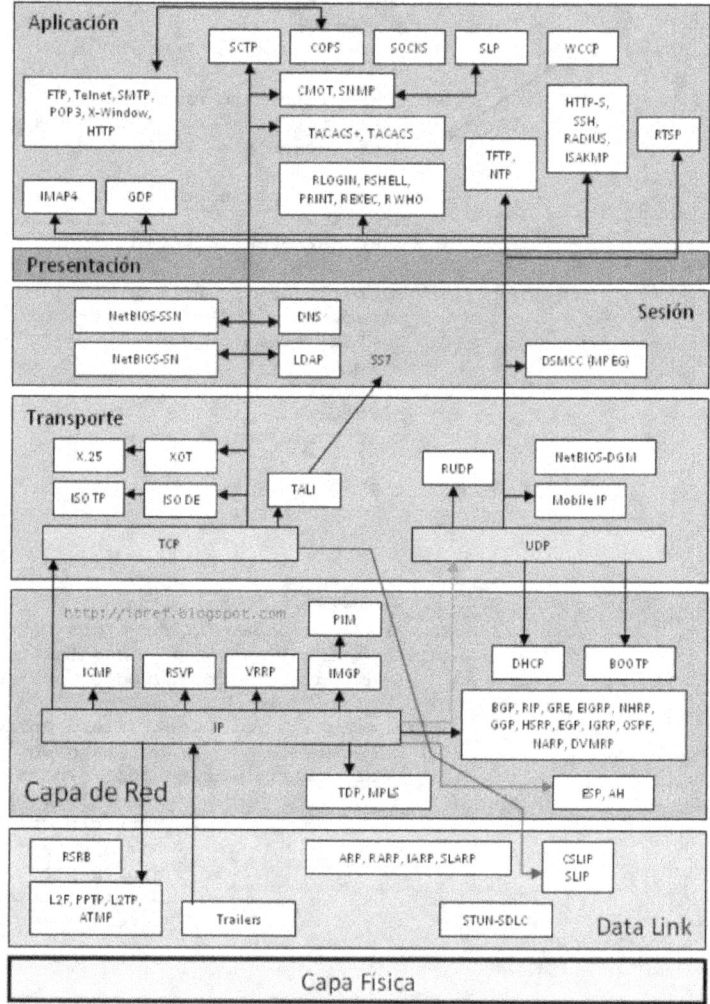

Ilustración 4. http://www.ipref.info/2009_08_01_archive.html, IP Reference Temas de CCNA, CCNP y CCIE de Routing & Switching, de 31 de Agosto de 2009. Gráfico completo sobre los protocolos de sesión TCP/IP.

PASO 1: Protocolo de sesión. NETSTAT

Nos informa de todas las conexiones entrantes y salientes activas en nuestro Equipo, incluyendo datos como protocolos de red utilizados, direcciones IP y puertos, estado de conexión entre otros.

a) Visualiza todas las conexiones y los puertos de escucha.

```
C:\Windows\system32>netstat -a
Conexiones activas

  Proto  Dirección local          Dirección remota         Estado
  TCP    0.0.0.0:42               SVRPRINC00:0             LISTENING
  TCP    0.0.0.0:80               SVRPRINC00:0             LISTENING
  TCP    0.0.0.0:88               SVRPRINC00:0             LISTENING
  TCP    0.0.0.0:135              SVRPRINC00:0             LISTENING
  TCP    0.0.0.0:389              SVRPRINC00:0             LISTENING
  TCP    0.0.0.0:443              SVRPRINC00:0             LISTENING
  TCP    0.0.0.0:445              SVRPRINC00:0             LISTENING
  TCP    0.0.0.0:464              SVRPRINC00:0             LISTENING
  TCP    0.0.0.0:593              SVRPRINC00:0             LISTENING
  TCP    0.0.0.0:636              SVRPRINC00:0             LISTENING
```

```
TCP    0.0.0.0:3268             SVRPRINC00:0              LISTENING
TCP    0.0.0.0:3269             SVRPRINC00:0              LISTENING
TCP    0.0.0.0:3389             SVRPRINC00:0              LISTENING
TCP    0.0.0.0:5504             SVRPRINC00:0              LISTENING
TCP    0.0.0.0:5985             SVRPRINC00:0              LISTENING
TCP    0.0.0.0:9389             SVRPRINC00:0              LISTENING
TCP    0.0.0.0:47001            SVRPRINC00:0              LISTENING
TCP    0.0.0.0:49152            SVRPRINC00:0              LISTENING
TCP    0.0.0.0:49153            SVRPRINC00:0              LISTENING
TCP    0.0.0.0:49154            SVRPRINC00:0              LISTENING
TCP    0.0.0.0:49155            SVRPRINC00:0              LISTENING
TCP    0.0.0.0:49157            SVRPRINC00:0              LISTENING
TCP    0.0.0.0:49158            SVRPRINC00:0              LISTENING
TCP    0.0.0.0:49159            SVRPRINC00:0              LISTENING
TCP    0.0.0.0:49173            SVRPRINC00:0              LISTENING
TCP    0.0.0.0:49178            SVRPRINC00:0              LISTENING
TCP    0.0.0.0:49179            SVRPRINC00:0              LISTENING
TCP    0.0.0.0:49198            SVRPRINC00:0              LISTENING
TCP    0.0.0.0:49205            SVRPRINC00:0              LISTENING
TCP    0.0.0.0:49207            SVRPRINC00:0              LISTENING
TCP    0.0.0.0:49222            SVRPRINC00:0              LISTENING
TCP    0.0.0.0:63163            SVRPRINC00:0              LISTENING
TCP    127.0.0.1:53             SVRPRINC00:0              LISTENING
TCP    127.0.0.1:389            SVRPRINC00:49163          ESTABLISHED
TCP    127.0.0.1:389            SVRPRINC00:49165          ESTABLISHED
TCP    127.0.0.1:389            SVRPRINC00:62961          ESTABLISHED
TCP    127.0.0.1:49163          SVRPRINC00:ldap           ESTABLISHED
TCP    127.0.0.1:49165          SVRPRINC00:ldap           ESTABLISHED
TCP    127.0.0.1:62961          SVRPRINC00:ldap           ESTABLISHED
TCP    192.168.5.240:42         192.168.5.189:61374       ESTABLISHED
TCP    192.168.5.240:53         SVRPRINC00:0              LISTENING
TCP    192.168.5.240:135        192.168.5.189:65235       ESTABLISHED
TCP    192.168.5.240:135        SVRPRINC00:63145          ESTABLISHED
TCP    192.168.5.240:139        SVRPRINC00:0              LISTENING
TCP    192.168.5.240:389        SVRPRINC00:62952          ESTABLISHED
TCP    192.168.5.240:389        SVRPRINC00:62963          ESTABLISHED
TCP    192.168.5.240:389        SVRPRINC00:63495          ESTABLISHED
TCP    192.168.5.240:49157      192.168.5.189:50442       ESTABLISHED
TCP    192.168.5.240:49178      SVRPRINC00:63146          ESTABLISHED
TCP    192.168.5.240:62952      SVRPRINC00:ldap           ESTABLISHED
TCP    192.168.5.240:62963      SVRPRINC00:ldap           ESTABLISHED
TCP    192.168.5.240:63145      SVRPRINC00:epmap          ESTABLISHED
TCP    192.168.5.240:63146      SVRPRINC00:49178          ESTABLISHED
TCP    192.168.5.240:63495      SVRPRINC00:ldap           ESTABLISHED
TCP    [::]:80                  SVRPRINC00:0              LISTENING
TCP    [::]:88                  SVRPRINC00:0              LISTENING
TCP    [::]:135                 SVRPRINC00:0              LISTENING
TCP    [::]:443                 SVRPRINC00:0              LISTENING
TCP    [::]:445                 SVRPRINC00:0              LISTENING
TCP    [::]:464                 SVRPRINC00:0              LISTENING
TCP    [::]:593                 SVRPRINC00:0              LISTENING
TCP    [::]:3389                SVRPRINC00:0              LISTENING
TCP    [::]:5504                SVRPRINC00:0              LISTENING
TCP    [::]:5985                SVRPRINC00:0              LISTENING
TCP    [::]:9389                SVRPRINC00:0              LISTENING
TCP    [::]:47001               SVRPRINC00:0              LISTENING
TCP    [::]:49152               SVRPRINC00:0              LISTENING
TCP    [::]:49153               SVRPRINC00:0              LISTENING
TCP    [::]:49154               SVRPRINC00:0              LISTENING
TCP    [::]:49155               SVRPRINC00:0              LISTENING
TCP    [::]:49157               SVRPRINC00:0              LISTENING
TCP    [::]:49158               SVRPRINC00:0              LISTENING
TCP    [::]:49159               SVRPRINC00:0              LISTENING
TCP    [::]:49173               SVRPRINC00:0              LISTENING
TCP    [::]:49178               SVRPRINC00:0              LISTENING
TCP    [::]:49179               SVRPRINC00:0              LISTENING
TCP    [::]:49198               SVRPRINC00:0              LISTENING
TCP    [::]:49205               SVRPRINC00:0              LISTENING
TCP    [::]:49207               SVRPRINC00:0              LISTENING
TCP    [::]:49222               SVRPRINC00:0              LISTENING
TCP    [::]:63163               SVRPRINC00:0              LISTENING
TCP    [::1]:53                 SVRPRINC00:0              LISTENING
TCP    [::1]:135                SVRPRINC00:49199          ESTABLISHED
TCP    [::1]:135                SVRPRINC00:49208          ESTABLISHED
TCP    [::1]:49157              SVRPRINC00:49216          ESTABLISHED
TCP    [::1]:49157              SVRPRINC00:49439          ESTABLISHED
TCP    [::1]:49157              SVRPRINC00:63077          ESTABLISHED
TCP    [::1]:49198              SVRPRINC00:49209          ESTABLISHED
TCP    [::1]:49198              SVRPRINC00:49210          ESTABLISHED
TCP    [::1]:49199              SVRPRINC00:epmap          ESTABLISHED
TCP    [::1]:49208              SVRPRINC00:epmap          ESTABLISHED
TCP    [::1]:49209              SVRPRINC00:49198          ESTABLISHED
```

> **Los Estados de conexión TCP y la salida de Netstat**
> - **SYN_SEND** indica abrir activo.
> - **SYN_RECEIVED** Server acaba de recibir SYN desde el cliente.
> - **ESTABLISHED** Cliente establecida recibidos SYN del servidor y se establece la sesión.
> - **LISTENING** Servidor de escucha está listo para aceptar la conexión.
> - **FIN_WAIT_1** indica el Cierre activo.
> - **TIMED_WAIT** cliente entra en este estado de espera después de cierre activo.
> - **CLOSE_WAIT** indica un cierre pasivo. Servidor acaba de recibir primera ALERTA de un cliente.
> - **FIN_WAIT_2** cliente acaba de recibir la confirmación de su primera ALERTA desde el servidor.
> - **LAST_ACK** Server se encuentra en este estado cuando envía su propio FIN.
> - **CLOSED** Servidor cerrado recibió confirmación del cliente y se cierra la conexión.

```
TCP       [::1]:49210           SVRPRINC00:49198      ESTABLISHED
TCP       [::1]:49216           SVRPRINC00:49157      ESTABLISHED
TCP       [::1]:49439           SVRPRINC00:49157      ESTABLISHED
TCP       [::1]:63077           SVRPRINC00:49157      ESTABLISHED
TCP       [::1]:63613           SVRPRINC00:epmap      TIME_WAIT
UDP       0.0.0.0:42            *:*
UDP       0.0.0.0:123           *:*
UDP       0.0.0.0:389           *:*
UDP       0.0.0.0:3389          *:*
UDP       0.0.0.0:5355          *:*
UDP       0.0.0.0:61212         *:*
............................
UDP       0.0.0.0:63713         *:*
UDP       127.0.0.1:53          *:*
UDP       127.0.0.1:51957       *:*
UDP       127.0.0.1:51958       *:*
UDP       127.0.0.1:53436       *:*
UDP       127.0.0.1:53437       *:*
UDP       127.0.0.1:54379       *:*
UDP       127.0.0.1:54937       *:*
UDP       127.0.0.1:57301       *:*
UDP       127.0.0.1:58177       *:*
UDP       127.0.0.1:58344       *:*
UDP       127.0.0.1:61209       *:*
UDP       127.0.0.1:61210       *:*
UDP       127.0.0.1:63714       *:*
UDP       127.0.0.1:63715       *:*
UDP       192.168.5.240:53      *:*
UDP       192.168.5.240:67      *:*
UDP       192.168.5.240:68      *:*
UDP       192.168.5.240:88      *:*
UDP       192.168.5.240:137     *:*
UDP       192.168.5.240:138     *:*
UDP       192.168.5.240:464     *:*
UDP       192.168.5.240:2535    *:*
UDP       [::]:123              *:*
UDP       [::]:3389             *:*
UDP       [::]:61213            *:*
UDP       [::1]:53              *:*
UDP       [::1]:61211           *:*
```

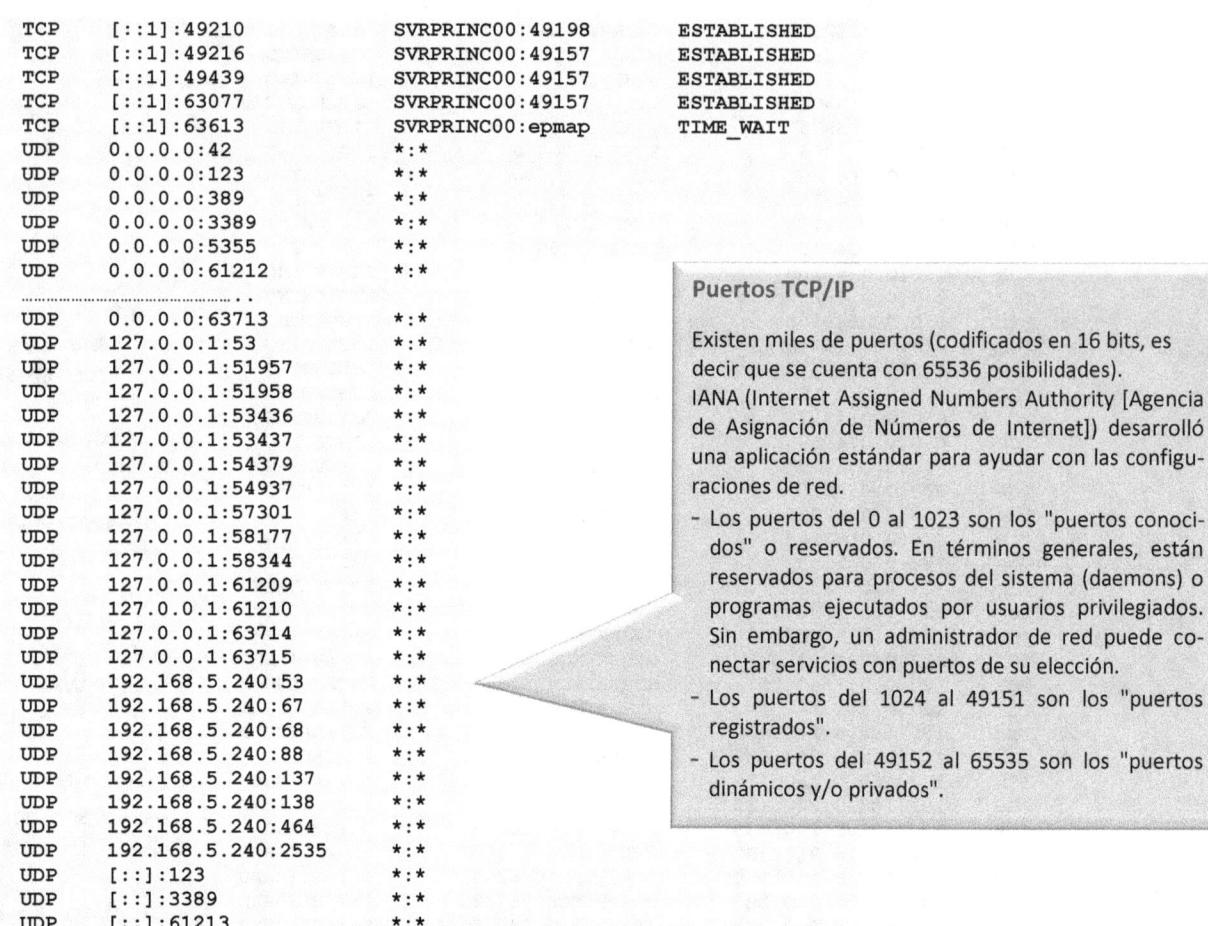

Puertos TCP/IP

Existen miles de puertos (codificados en 16 bits, es decir que se cuenta con 65536 posibilidades).
IANA (Internet Assigned Numbers Authority [Agencia de Asignación de Números de Internet]) desarrolló una aplicación estándar para ayudar con las configuraciones de red.

- Los puertos del 0 al 1023 son los "puertos conocidos" o reservados. En términos generales, están reservados para procesos del sistema (daemons) o programas ejecutados por usuarios privilegiados. Sin embargo, un administrador de red puede conectar servicios con puertos de su elección.
- Los puertos del 1024 al 49151 son los "puertos registrados".
- Los puertos del 49152 al 65535 son los "puertos dinámicos y/o privados".

b) Visualiza el ejecutable relacionado con la creación de cada conexión o puerto de escucha y los puertos de escucha.

```
C:\Windows\system32>NETSTAT -b

Conexiones activas

Proto   Dirección local         Dirección remota        Estado
TCP     127.0.0.1:389           SVRPRINC00:49163        ESTABLISHED [lsass.exe]
TCP     127.0.0.1:389           SVRPRINC00:49165        ESTABLISHED [lsass.exe]
TCP     127.0.0.1:389           SVRPRINC00:62961        ESTABLISHED [lsass.exe]
TCP     127.0.0.1:49163         SVRPRINC00:ldap         ESTABLISHED [ismserv.exe]
TCP     127.0.0.1:49165         SVRPRINC00:ldap         ESTABLISHED [ismserv.exe]
TCP     127.0.0.1:62961         SVRPRINC00:ldap         ESTABLISHED [dns.exe]
TCP     192.168.5.240:42        192.168.5.189:61374     ESTABLISHED [wins.exe]
TCP     192.168.5.240:135       192.168.5.189:65235     ESTABLISHED  RpcSs [svchost.exe]
TCP     192.168.5.240:135       SVRPRINC00:63145        ESTABLISHED  RpcSs [svchost.exe]
TCP     192.168.5.240:389       SVRPRINC00:62952        ESTABLISHED [lsass.exe]
TCP     192.168.5.240:389       SVRPRINC00:62963        ESTABLISHED [lsass.exe]
TCP     192.168.5.240:49157     192.168.5.189:50442     ESTABLISHED [lsass.exe]
TCP     192.168.5.240:49178     SVRPRINC00:63146        ESTABLISHED [wins.exe]
TCP     192.168.5.240:62952     SVRPRINC00:ldap         ESTABLISHED [DFSRs.exe]
TCP     192.168.5.240:62963     SVRPRINC00:ldap         ESTABLISHED [DFSRs.exe]
TCP     192.168.5.240:63145     SVRPRINC00:epmap        ESTABLISHED [mmc.exe]
TCP     192.168.5.240:63146     SVRPRINC00:49178        ESTABLISHED [mmc.exe]
TCP     192.168.5.240:63702     192.168.5.140:nameserver  SYN_SENT [wins.exe]
TCP     [::1]:135               SVRPRINC00:49199        ESTABLISHED  RpcSs [svchost.exe]
TCP     [::1]:135               SVRPRINC00:49208        ESTABLISHED  RpcSs [svchost.exe]
TCP     [::1]:49157             SVRPRINC00:49216        ESTABLISHED [lsass.exe]
TCP     [::1]:49157             SVRPRINC00:49439        ESTABLISHED [lsass.exe]
TCP     [::1]:49157             SVRPRINC00:63077        ESTABLISHED [lsass.exe]
TCP     [::1]:49198             SVRPRINC00:49209        ESTABLISHED [tssdis.exe]
TCP     [::1]:49198             SVRPRINC00:49210        ESTABLISHED [tssdis.exe]
TCP     [::1]:49199             SVRPRINC00:epmap        ESTABLISHED [tssdis.exe]
TCP     [::1]:49208             SVRPRINC00:epmap        ESTABLISHED   TermService [svchost.exe]
TCP     [::1]:49209             SVRPRINC00:49198        ESTABLISHED   TermService [svchost.exe]
TCP     [::1]:49210             SVRPRINC00:49198        ESTABLISHED   TermService [svchost.exe]
TCP     [::1]:49216             SVRPRINC00:49157        ESTABLISHED [DFSRs.exe]
TCP     [::1]:49439             SVRPRINC00:49157        ESTABLISHED [lsass.exe]
TCP     [::1]:63077             SVRPRINC00:49157        ESTABLISHED [Mi-
crosoft.ActiveDirectory.WebServices.exe]
```

```
TCP    [::1]:63705           SVRPRINC00:epmap      TIME_WAIT
```

c) Muestra la estadística de la conexión Ethernet.
```
C:\Windows\system32>NETSTAT -e
Estadísticas de interfaz

                              Recibidos      Enviados

Bytes                         14978148       20557224
Paquetes de unidifusión       34604          29180
Paquetes no de unidifusión    59032          6828
Descartados                   0              0
Errores                       0              0
Protocolos desconocidos       0
```

d) Visualiza los nombres de dominio completos (FQDN "Nombre de dominio completamente cualificada") para direcciones externas.
```
C:\Windows\system32>NETSTAT -f

Conexiones activas

  Proto  Dirección local          Dirección remota             Estado
  TCP    127.0.0.1:389            SVRPRINC00.bspWeb.local:49163    ESTABLISHED
  TCP    127.0.0.1:389            SVRPRINC00.bspWeb.local:49165    ESTABLISHED
  TCP    127.0.0.1:389            SVRPRINC00.bspWeb.local:62961    ESTABLISHED
  TCP    127.0.0.1:49163          SVRPRINC00.bspWeb.local:ldap     ESTABLISHED
  TCP    127.0.0.1:49165          SVRPRINC00.bspWeb.local:ldap     ESTABLISHED
  TCP    127.0.0.1:62961          SVRPRINC00.bspWeb.local:ldap     ESTABLISHED
  TCP    192.168.5.240:42         192.168.5.189:61374              ESTABLISHED
  TCP    192.168.5.240:135        192.168.5.189:65235              ESTABLISHED
  TCP    192.168.5.240:135        SVRPRINC00.bspWeb.local:63145    ESTABLISHED
  TCP    192.168.5.240:389        SVRPRINC00.bspWeb.local:62952    ESTABLISHED
  TCP    192.168.5.240:389        SVRPRINC00.bspWeb.local:62963    ESTABLISHED
  TCP    192.168.5.240:49157      192.168.5.189:50442              ESTABLISHED
  TCP    192.168.5.240:49178      SVRPRINC00.bspWeb.local:63146    ESTABLISHED
  TCP    192.168.5.240:62952      SVRPRINC00.bspWeb.local:ldap     ESTABLISHED
  TCP    192.168.5.240:62963      SVRPRINC00.bspWeb.local:ldap     ESTABLISHED
  TCP    192.168.5.240:63145      SVRPRINC00.bspWeb.local:epmap    ESTABLISHED
  TCP    192.168.5.240:63146      SVRPRINC00.bspWeb.local:49178    ESTABLISHED
  TCP    192.168.5.240:63727      192.168.5.189:epmap              SYN_SENT
  TCP    [::1]:135                SVRPRINC00.bspWeb.local:49199    ESTABLISHED
  TCP    [::1]:135                SVRPRINC00.bspWeb.local:49208    ESTABLISHED
  TCP    [::1]:49157              SVRPRINC00.bspWeb.local:49216    ESTABLISHED
  TCP    [::1]:49157              SVRPRINC00.bspWeb.local:49439    ESTABLISHED
  TCP    [::1]:49157              SVRPRINC00.bspWeb.local:63077    ESTABLISHED
  TCP    [::1]:49198              SVRPRINC00.bspWeb.local:49209    ESTABLISHED
  TCP    [::1]:49198              SVRPRINC00.bspWeb.local:49210    ESTABLISHED
  TCP    [::1]:49199              SVRPRINC00.bspWeb.local:epmap    ESTABLISHED
  TCP    [::1]:49208              SVRPRINC00.bspWeb.local:epmap    ESTABLISHED
  TCP    [::1]:49209              SVRPRINC00.bspWeb.local:49198    ESTABLISHED
  TCP    [::1]:49210              SVRPRINC00.bspWeb.local:49198    ESTABLISHED
  TCP    [::1]:49216              SVRPRINC00.bspWeb.local:49157    ESTABLISHED
  TCP    [::1]:49439              SVRPRINC00.bspWeb.local:49157    ESTABLISHED
  TCP    [::1]:63077              SVRPRINC00.bspWeb.local:49157    ESTABLISHED
  TCP    [::1]:63721              SVRPRINC00.bspWeb.local:5985     TIME_WAIT
  TCP    [::1]:63722              SVRPRINC00.bspWeb.local:5985     TIME_WAIT
  TCP    [::1]:63723              SVRPRINC00.bspWeb.local:47001    TIME_WAIT
  TCP    [::1]:63724              SVRPRINC00.bspWeb.local:5985     TIME_WAIT
```

e) Visualiza los protocolos, direcciones, puertos, su estado y la identificación del proceso propietario (PID) asociado con cada conexión.
```
C:\Windows\system32>NETSTAT -o

Conexiones activas

  Proto  Dirección local          Dirección remota       Estado          PID
  TCP    127.0.0.1:389            SVRPRINC00:49163       ESTABLISHED     472
  TCP    127.0.0.1:389            SVRPRINC00:49165       ESTABLISHED     472
  TCP    127.0.0.1:389            SVRPRINC00:62961       ESTABLISHED     472
  TCP    127.0.0.1:49163          SVRPRINC00:ldap        ESTABLISHED     1440
  TCP    127.0.0.1:49165          SVRPRINC00:ldap        ESTABLISHED     1440
  TCP    127.0.0.1:62961          SVRPRINC00:ldap        ESTABLISHED     1416
  TCP    192.168.5.240:42         192.168.5.189:61374    ESTABLISHED     1772
  TCP    192.168.5.240:135        192.168.5.189:65235    ESTABLISHED     644
  TCP    192.168.5.240:135        SVRPRINC00:63145       ESTABLISHED     644
  TCP    192.168.5.240:389        SVRPRINC00:62952       ESTABLISHED     472
  TCP    192.168.5.240:389        SVRPRINC00:62963       ESTABLISHED     472
  TCP    192.168.5.240:49157      192.168.5.189:50442    ESTABLISHED     472
  TCP    192.168.5.240:49178      SVRPRINC00:63146       ESTABLISHED     1772
  TCP    192.168.5.240:62952      SVRPRINC00:ldap        ESTABLISHED     1312
```

```
  TCP    192.168.5.240:62963    SVRPRINC00:ldap        ESTABLISHED    1312
  TCP    192.168.5.240:63145    SVRPRINC00:epmap       ESTABLISHED    676
  TCP    192.168.5.240:63146    SVRPRINC00:49178       ESTABLISHED    676
  TCP    [::1]:135              SVRPRINC00:49199       ESTABLISHED    644
  TCP    [::1]:135              SVRPRINC00:49208       ESTABLISHED    644
  . . .
  TCP    [::1]:49157            SVRPRINC00:49216       ESTABLISHED    472
  TCP    [::1]:49157            SVRPRINC00:49439       ESTABLISHED    472
  TCP    [::1]:49157            SVRPRINC00:63077       ESTABLISHED    472
  TCP    [::1]:49198            SVRPRINC00:49209       ESTABLISHED    2340
  TCP    [::1]:49198            SVRPRINC00:49210       ESTABLISHED    2340
  TCP    [::1]:49199            SVRPRINC00:epmap       ESTABLISHED    2340
  TCP    [::1]:49208            SVRPRINC00:epmap       ESTABLISHED    2820
  TCP    [::1]:49209            SVRPRINC00:49198       ESTABLISHED    2820
  TCP    [::1]:49210            SVRPRINC00:49198       ESTABLISHED    2820
  TCP    [::1]:49216            SVRPRINC00:49157       ESTABLISHED    1312
  TCP    [::1]:49439            SVRPRINC00:49157       ESTABLISHED    472
  TCP    [::1]:63077            SVRPRINC00:49157       ESTABLISHED    1224
```

f) Muestra el nombre del proceso PID asociado al nombre del dominio completamente cualificado (FQDN).

```
C:\Windows\system32>NETSTAT -fo

Conexiones activas

  Proto  Dirección local         Dirección remota                    Estado         PID
  TCP    127.0.0.1:389           SVRPRINC00.bspWeb.local:49163       ESTABLISHED    472
  TCP    127.0.0.1:389           SVRPRINC00.bspWeb.local:49165       ESTABLISHED    472
  TCP    127.0.0.1:389           SVRPRINC00.bspWeb.local:62961       ESTABLISHED    472
  TCP    127.0.0.1:49163         SVRPRINC00.bspWeb.local:ldap        ESTABLISHED    1440
  TCP    127.0.0.1:49165         SVRPRINC00.bspWeb.local:ldap        ESTABLISHED    1440
  TCP    127.0.0.1:62961         SVRPRINC00.bspWeb.local:ldap        ESTABLISHED    1416
  TCP    192.168.5.240:42        192.168.5.189:61374                 ESTABLISHED    1772
  TCP    192.168.5.240:135       192.168.5.189:65235                 ESTABLISHED    644
  TCP    192.168.5.240:135       SVRPRINC00.bspWeb.local:63145       ESTABLISHED    644
  TCP    192.168.5.240:389       SVRPRINC00.bspWeb.local:62952       ESTABLISHED    472
  TCP    192.168.5.240:389       SVRPRINC00.bspWeb.local:62963       ESTABLISHED    472
  TCP    192.168.5.240:49157     192.168.5.189:50442                 ESTABLISHED    472
  TCP    192.168.5.240:49178     SVRPRINC00.bspWeb.local:63146       ESTABLISHED    1772
  TCP    192.168.5.240:62952     SVRPRINC00.bspWeb.local:ldap        ESTABLISHED    1312
  TCP    192.168.5.240:62963     SVRPRINC00.bspWeb.local:ldap        ESTABLISHED    1312
  TCP    192.168.5.240:63145     SVRPRINC00.bspWeb.local:epmap       ESTABLISHED    676
  TCP    192.168.5.240:63146     SVRPRINC00.bspWeb.local:49178       ESTABLISHED    676
  TCP    [::1]:135               SVRPRINC00.bspWeb.local:49199       ESTABLISHED    644
  TCP    [::1]:135               SVRPRINC00.bspWeb.local:49208       ESTABLISHED    644
  TCP    [::1]:49157             SVRPRINC00.bspWeb.local:49216       ESTABLISHED    472
  TCP    [::1]:49157             SVRPRINC00.bspWeb.local:49439       ESTABLISHED    472
  TCP    [::1]:49157             SVRPRINC00.bspWeb.local:63077       ESTABLISHED    472
  TCP    [::1]:49198             SVRPRINC00.bspWeb.local:49209       ESTABLISHED    2340
  TCP    [::1]:49198             SVRPRINC00.bspWeb.local:49210       ESTABLISHED    2340
  TCP    [::1]:49199             SVRPRINC00.bspWeb.local:epmap       ESTABLISHED    2340
  TCP    [::1]:49208             SVRPRINC00.bspWeb.local:epmap       ESTABLISHED    2820
  TCP    [::1]:49209             SVRPRINC00.bspWeb.local:49198       ESTABLISHED    2820
  TCP    [::1]:49210             SVRPRINC00.bspWeb.local:49198       ESTABLISHED    2820
  TCP    [::1]:49216             SVRPRINC00.bspWeb.local:49157       ESTABLISHED    1312
  TCP    [::1]:49439             SVRPRINC00.bspWeb.local:49157       ESTABLISHED    472
  TCP    [::1]:63077             SVRPRINC00.bspWeb.local:49157       ESTABLISHED    1224
```

g) Muestra el nombre del proceso PID asociado al nombre del dominio completamente cualificado (FQDN) y visualiza las conexiones y los puertos de escucha, el número de direcciones y puertos de escucha.

```
C:\Windows\system32>NETSTAT -fano

Conexiones activas

  Proto  Dirección local         Dirección remota        Estado         PID
  TCP    0.0.0.0:42              0.0.0.0:0               LISTENING      1772
  TCP    0.0.0.0:80              0.0.0.0:0               LISTENING      4
  TCP    0.0.0.0:88              0.0.0.0:0               LISTENING      472
  TCP    0.0.0.0:135             0.0.0.0:0               LISTENING      644
  TCP    0.0.0.0:389             0.0.0.0:0               LISTENING      472
  TCP    0.0.0.0:443             0.0.0.0:0               LISTENING      4
  TCP    0.0.0.0:445             0.0.0.0:0               LISTENING      4
  TCP    0.0.0.0:464             0.0.0.0:0               LISTENING      472
  TCP    0.0.0.0:593             0.0.0.0:0               LISTENING      644
  TCP    0.0.0.0:636             0.0.0.0:0               LISTENING      472
  TCP    0.0.0.0:3268            0.0.0.0:0               LISTENING      472
  TCP    0.0.0.0:3269            0.0.0.0:0               LISTENING      472
  TCP    0.0.0.0:3389            0.0.0.0:0               LISTENING      2820
  TCP    0.0.0.0:5504            0.0.0.0:0               LISTENING      2316
  TCP    0.0.0.0:5985            0.0.0.0:0               LISTENING      4
  TCP    0.0.0.0:9389            0.0.0.0:0               LISTENING      1224
  TCP    0.0.0.0:47001           0.0.0.0:0               LISTENING      4
```

TCP	0.0.0.0:49152	0.0.0.0:0	LISTENING	376
TCP	0.0.0.0:49153	0.0.0.0:0	LISTENING	840
TCP	0.0.0.0:49154	0.0.0.0:0	LISTENING	472
TCP	0.0.0.0:49155	0.0.0.0:0	LISTENING	872
TCP	0.0.0.0:49157	0.0.0.0:0	LISTENING	472
TCP	0.0.0.0:49158	0.0.0.0:0	LISTENING	472
TCP	0.0.0.0:49159	0.0.0.0:0	LISTENING	1196
TCP	0.0.0.0:49173	0.0.0.0:0	LISTENING	1416
TCP	0.0.0.0:49178	0.0.0.0:0	LISTENING	1772
TCP	0.0.0.0:49179	0.0.0.0:0	LISTENING	1396
TCP	0.0.0.0:49198	0.0.0.0:0	LISTENING	2340
TCP	0.0.0.0:49205	0.0.0.0:0	LISTENING	464
TCP	0.0.0.0:49207	0.0.0.0:0	LISTENING	2820
TCP	0.0.0.0:49222	0.0.0.0:0	LISTENING	1312
TCP	0.0.0.0:63163	0.0.0.0:0	LISTENING	524
TCP	127.0.0.1:53	0.0.0.0:0	LISTENING	1416
TCP	127.0.0.1:389	127.0.0.1:49163	ESTABLISHED	472
TCP	127.0.0.1:389	127.0.0.1:49165	ESTABLISHED	472
TCP	127.0.0.1:389	127.0.0.1:62961	ESTABLISHED	472
TCP	127.0.0.1:49163	127.0.0.1:389	ESTABLISHED	1440
TCP	127.0.0.1:49165	127.0.0.1:389	ESTABLISHED	1440
TCP	127.0.0.1:62961	127.0.0.1:389	ESTABLISHED	1416
TCP	192.168.5.240:42	192.168.5.189:61374	ESTABLISHED	1772
TCP	192.168.5.240:53	0.0.0.0:0	LISTENING	1416
TCP	192.168.5.240:135	192.168.5.189:65235	ESTABLISHED	644
TCP	192.168.5.240:135	192.168.5.240:63145	ESTABLISHED	644
TCP	192.168.5.240:139	0.0.0.0:0	LISTENING	4
TCP	192.168.5.240:389	192.168.5.240:62952	ESTABLISHED	472
TCP	192.168.5.240:389	192.168.5.240:62963	ESTABLISHED	472
TCP	192.168.5.240:49157	192.168.5.189:50442	ESTABLISHED	472
TCP	192.168.5.240:49178	192.168.5.240:63146	ESTABLISHED	1772
TCP	192.168.5.240:62952	192.168.5.240:389	ESTABLISHED	1312
TCP	192.168.5.240:62963	192.168.5.240:389	ESTABLISHED	1312
TCP	192.168.5.240:63145	192.168.5.240:135	ESTABLISHED	676
TCP	192.168.5.240:63146	192.168.5.240:49178	ESTABLISHED	676
TCP	192.168.5.240:63748	192.168.5.189:42	SYN_SENT	1772
TCP	[::]:80	[::]:0	LISTENING	4
TCP	[::]:88	[::]:0	LISTENING	472
TCP	[::]:135	[::]:0	LISTENING	644
TCP	[::]:443	[::]:0	LISTENING	4
TCP	[::]:445	[::]:0	LISTENING	4
TCP	[::]:464	[::]:0	LISTENING	472
TCP	[::]:593	[::]:0	LISTENING	644
TCP	[::]:3389	[::]:0	LISTENING	2820
TCP	[::]:5504	[::]:0	LISTENING	2316
TCP	[::]:5985	[::]:0	LISTENING	4
TCP	[::]:9389	[::]:0	LISTENING	1224
TCP	[::]:47001	[::]:0	LISTENING	4
TCP	[::]:49152	[::]:0	LISTENING	376
TCP	[::]:49153	[::]:0	LISTENING	840
TCP	[::]:49154	[::]:0	LISTENING	472
TCP	[::]:49155	[::]:0	LISTENING	872
TCP	[::]:49157	[::]:0	LISTENING	472
TCP	[::]:49158	[::]:0	LISTENING	472
TCP	[::]:49159	[::]:0	LISTENING	1196
TCP	[::]:49173	[::]:0	LISTENING	1416
TCP	[::]:49178	[::]:0	LISTENING	1772
TCP	[::]:49179	[::]:0	LISTENING	1396
TCP	[::]:49198	[::]:0	LISTENING	2340
TCP	[::]:49205	[::]:0	LISTENING	464
TCP	[::]:49207	[::]:0	LISTENING	2820
TCP	[::]:49222	[::]:0	LISTENING	1312
TCP	[::]:63163	[::]:0	LISTENING	524
TCP	[::1]:53	[::]:0	LISTENING	1416
TCP	[::1]:135	[::1]:49199	ESTABLISHED	644
TCP	[::1]:135	[::1]:49208	ESTABLISHED	644
TCP	[::1]:445	[::1]:63749	ESTABLISHED	4
TCP	[::1]:49157	[::1]:49216	ESTABLISHED	472
TCP	[::1]:49157	[::1]:49439	ESTABLISHED	472
TCP	[::1]:49157	[::1]:63077	ESTABLISHED	472
TCP	[::1]:49198	[::1]:49209	ESTABLISHED	2340
TCP	[::1]:49198	[::1]:49210	ESTABLISHED	2340
TCP	[::1]:49199	[::1]:135	ESTABLISHED	2340
TCP	[::1]:49208	[::1]:135	ESTABLISHED	2820
TCP	[::1]:49209	[::1]:49198	ESTABLISHED	2820
TCP	[::1]:49210	[::1]:49198	ESTABLISHED	2820
TCP	[::1]:49216	[::1]:49157	ESTABLISHED	1312
TCP	[::1]:49439	[::1]:49157	ESTABLISHED	472
TCP	[::1]:63077	[::1]:49157	ESTABLISHED	1224
TCP	[::1]:63741	[::1]:5985	TIME_WAIT	0
TCP	[::1]:63742	[::1]:5985	TIME_WAIT	0
TCP	[::1]:63743	[::1]:47001	TIME_WAIT	0

```
TCP      [::1]:63744              [::1]:5985               TIME_WAIT         0
TCP      [::1]:63749              [::1]:445                ESTABLISHED       4
UDP      0.0.0.0:42               *:*                                        1772
UDP      0.0.0.0:123              *:*                                        920
UDP      0.0.0.0:389              *:*                                        472
UDP      0.0.0.0:3389             *:*                                        2820
UDP      0.0.0.0:5355             *:*                                        984
UDP      0.0.0.0:61212            *:*                                        1416

UDP      0.0.0.0:63713            *:*                                        1416
UDP      127.0.0.1:53             *:*                                        1416
UDP      127.0.0.1:51957          *:*                                        1224
UDP      127.0.0.1:51958          *:*                                        2564
UDP      127.0.0.1:53436          *:*                                        1312
UDP      127.0.0.1:53437          *:*                                        3060
UDP      127.0.0.1:54379          *:*                                        872
UDP      127.0.0.1:54937          *:*                                        1772
UDP      127.0.0.1:57301          *:*                                        472
UDP      127.0.0.1:58177          *:*                                        160
UDP      127.0.0.1:58344          *:*                                        2424
UDP      127.0.0.1:61209          *:*                                        1396
UDP      127.0.0.1:61210          *:*                                        1440
UDP      127.0.0.1:63714          *:*                                        1416
UDP      127.0.0.1:63715          *:*                                        984
UDP      192.168.5.240:53         *:*                                        1416
UDP      192.168.5.240:67         *:*                                        1396
UDP      192.168.5.240:68         *:*                                        1396
UDP      192.168.5.240:88         *:*                                        472
UDP      192.168.5.240:137        *:*                                        4
UDP      192.168.5.240:138        *:*                                        4
UDP      192.168.5.240:464        *:*                                        472
UDP      192.168.5.240:2535       *:*                                        1396
UDP      [::]:123                 *:*                                        920
UDP      [::]:3389                *:*                                        2820
UDP      [::]:61213               *:*                                        1416
UDP      [::1]:53                 *:*                                        1416
UDP      [::1]:61211              *:*                                        1416
```

h) Muestra conexiones, agentes de escucha y extremos compartidos de NetworkDirect. Si no existe ninguno no aparecerán resultados.

```
C:\Windows\system32>NETSTAT  -x

Conexiones NetworkDirect activas, escuchas, extremos compartidos

Modo    Tipo IfIndex        Dirección local         Dirección externa
PID
```

i) Visualiza las plantillas de conexión TCP para todas las conexiones. La plantilla (DATECENTER).

```
C:\Windows\system32>NETSTAT  -y

Conexiones activas

Proto  Dirección local          Dirección externa         Estado            Plantilla

TCP    192.168.5.240:42         192.168.5.189:61374       ESTABLISHED       Datacenter
TCP    192.168.5.240:135        SVRPRINC00:63145          ESTABLISHED       Datacenter
TCP    192.168.5.240:135        192.168.5.189:65235       ESTABLISHED       Datacenter
TCP    127.0.0.1:389            SVRPRINC00:49163          ESTABLISHED       Datacenter
TCP    127.0.0.1:389            SVRPRINC00:49165          ESTABLISHED       Datacenter
TCP    127.0.0.1:389            SVRPRINC00:62961          ESTABLISHED       Datacenter
TCP    192.168.5.240:389        SVRPRINC00:62952          ESTABLISHED       Datacenter
TCP    192.168.5.240:389        SVRPRINC00:62963          ESTABLISHED       Datacenter
TCP    192.168.5.240:49157      192.168.5.189:50442       ESTABLISHED       Datacenter
TCP    127.0.0.1:49163          SVRPRINC00:ldap           ESTABLISHED       Datacenter
TCP    127.0.0.1:49165          SVRPRINC00:ldap           ESTABLISHED       Datacenter
TCP    192.168.5.240:49178      SVRPRINC00:63146          ESTABLISHED       Datacenter
TCP    192.168.5.240:62952      SVRPRINC00:ldap           ESTABLISHED       Datacenter
TCP    127.0.0.1:62961          SVRPRINC00:ldap           ESTABLISHED       Datacenter
TCP    192.168.5.240:62963      SVRPRINC00:ldap           ESTABLISHED       Datacenter
TCP    192.168.5.240:63145      SVRPRINC00:epmap          ESTABLISHED       Datacenter
TCP    192.168.5.240:63146      SVRPRINC00:49178          ESTABLISHED       DatacentEr
```

j) Muestra conexiones, agentes de escucha y extremos compartidos de NetworkDirect. Sino existe ninguno no aparecerán resultados y visualiza las plantilla de conexión TCP para todas las conexiones. No se puede combinar con otras opciones, como se observa no da ningún resultado.

```
C:\Windows\system32>NETSTAT  -xy

Conexiones NetworkDirect activas, escuchas, extremos compartidos

Modo    Tipo IfIndex        Dirección local         Dirección externa
```

```
    PID
```

k) Visualizar conexiones para el protocolo especificado por protocolos: UDPv4, UDPv6, TCP.
```
C:\Windows\system32>NETSTAT -p  UDP

Conexiones activas

  Proto  Dirección local          Dirección remota        Estado

C:\Windows\system32>NETSTAT -p  UDPv6

Conexiones activas

  Proto  Dirección local          Dirección remota        Estado
C:\Windows\system32>NETSTAT -p  TCP

Conexiones activas

  Proto  Dirección local          Dirección remota        Estado
  TCP    127.0.0.1:389            SVRPRINC00:49163        ESTABLISHED
  TCP    127.0.0.1:389            SVRPRINC00:49165        ESTABLISHED
  TCP    127.0.0.1:389            SVRPRINC00:62961        ESTABLISHED
  TCP    127.0.0.1:49163          SVRPRINC00:ldap         ESTABLISHED
  TCP    127.0.0.1:49165          SVRPRINC00:ldap         ESTABLISHED
  TCP    127.0.0.1:62961          SVRPRINC00:ldap         ESTABLISHED
  TCP    192.168.5.240:42         192.168.5.189:61374     ESTABLISHED
  TCP    192.168.5.240:135        192.168.5.189:65235     ESTABLISHED
  TCP    192.168.5.240:135        SVRPRINC00:63145        ESTABLISHED
  TCP    192.168.5.240:389        SVRPRINC00:62952        ESTABLISHED
  TCP    192.168.5.240:389        SVRPRINC00:62963        ESTABLISHED
  TCP    192.168.5.240:49157      192.168.5.189:50442     ESTABLISHED
  TCP    192.168.5.240:49178      SVRPRINC00:63146        ESTABLISHED
  TCP    192.168.5.240:62952      SVRPRINC00:ldap         ESTABLISHED
  TCP    192.168.5.240:62963      SVRPRINC00:ldap         ESTABLISHED
  TCP    192.168.5.240:63145      SVRPRINC00:epmap        ESTABLISHED
  TCP    192.168.5.240:63146      SVRPRINC00:49178        ESTABLISHED
```

PASO 2: Ejecutado desde un Windows 10 Profesional. NBTSTAT

a) Realiza una lista de la tabla de nombres de los equipos remotos según su nombre.
```
C:\Users\aprendiz>NBTSTAT -a www.google.es

vEthernet (Mi tarjeta de red i7):
Dirección IP del nodo: [192.168.1.99] Id. de ámbito : []

    Host no encontrado.

Conexión de red inalámbrica:
Dirección IP del nodo: [0.0.0.0] Id. de ámbito : []

    Host no encontrado.

Conexión de área local* 2:
Dirección IP del nodo: [0.0.0.0] Id. de ámbito : []

    Host no encontrado.

Conexión de área local* 4:
Dirección IP del nodo: [0.0.0.0] Id. de ámbito : []

    Host no encontrado.

Conexión de red Bluetooth 2:
Dirección IP del nodo: [0.0.0.0] Id. de ámbito : []

    Host no encontrado.
```
b) No es necesario especificar el servicio solo el nombre del dominio.
```
C:\Users\aprendiz>NBTSTAT -a  google

vEthernet (Mi tarjeta de red i7):
Dirección IP del nodo: [192.168.1.99] Id. de ámbito : []

    Host no encontrado.

Conexión de red inalámbrica:
Dirección IP del nodo: [0.0.0.0] Id. de ámbito : []

    Host no encontrado.

Conexión de área local* 2:
Dirección IP del nodo: [0.0.0.0] Id. de ámbito : []
```

        Host no encontrado.

    Conexión de área local* 4:
    Dirección IP del nodo: [0.0.0.0] Id. de ámbito : []

        Host no encontrado.

    Conexión de red Bluetooth 2:
    Dirección IP del nodo: [0.0.0.0] Id. de ámbito : []

        Host no encontrado.

c) Especifica solo la IP del servidor de Dominio.
    C:\Users\aprendiz>NBTSTAT -a 8.8.8.8

    vEthernet (Mi tarjeta de red i7):
    Dirección IP del nodo: [192.168.1.99] Id. de ámbito : []

        Host no encontrado.

    Conexión de red inalámbrica:
    Dirección IP del nodo: [0.0.0.0] Id. de ámbito : []

        Host no encontrado.

    Conexión de área local* 2:
    Dirección IP del nodo: [0.0.0.0] Id. de ámbito : []

        Host no encontrado.

    Conexión de área local* 4:
    Dirección IP del nodo: [0.0.0.0] Id. de ámbito : []

        Host no encontrado.

    Conexión de red Bluetooth 2:
    Dirección IP del nodo: [0.0.0.0] Id. de ámbito : []

        Host no encontrado.

d) Visualiza la realización de una lista de la tabla de nombres de los equipos remotos según sus direcciones de IP, establecida.
    C:\Users\aprendiz>NBTSTAT -A 192.168.1.99

    vEthernet (Mi tarjeta de red i7):
    Dirección IP del nodo: [192.168.1.99] Id. de ámbito : []

        Tabla de nombres de equipos remotos de NetBIOS

            Nombre   Tipo   Estado

            I7-PC   <20> Único   Registrado
            I7-PC   <00> Único   Registrado
            GRUPO_TRABAJO <00> Grupo   Registrado
            GRUPO_TRABAJO <1E> Grupo   Registrado
            GRUPO_TRABAJO <1D> Único   Registrado
            ☺☺__MSBROWSE__☺<01> Grupo   Registrado

        Dirección MAC = 5C-F9-DD-40-96-17

    Conexión de red inalámbrica:
    Dirección IP del nodo: [0.0.0.0] Id. de ámbito : []

        Host no encontrado.

    Conexión de área local* 2:
    Dirección IP del nodo: [0.0.0.0] Id. de ámbito : []

        Host no encontrado.

    Conexión de área local* 4:
    Dirección IP del nodo: [0.0.0.0] Id. de ámbito : []

        Host no encontrado.

    Conexión de red Bluetooth 2:
    Dirección IP del nodo: [0.0.0.0] Id. de ámbito : []

        Host no encontrado.

e) Visualiza la realización de una lista de la tabla de nombres de los equipos remotos según sus direcciones de IP, establecida. Hace una lista de los nombres [equipo]remotos de la caché NBT y sus direcciones de IP

```
C:\Users\aprendiz>NBTSTAT -A 192.168.1.99 -c

vEthernet (Mi tarjeta de red i7):
Dirección IP del nodo: [192.168.1.99] Id. de ámbito : []

            Tabla caché remota de NetBIOS

    Nombre          Tipo      Dir de Host    Vida [s]
    ---------------------------------------------------
    I7-PC           <20>  Único    192.168.1.99      542

Conexión de red inalámbrica:
Dirección IP del nodo: [0.0.0.0] Id. de ámbito : []

    No hay nombres en la caché

Conexión de área local* 2:
Dirección IP del nodo: [0.0.0.0] Id. de ámbito : []

    No hay nombres en la caché

Conexión de área local* 4:
Dirección IP del nodo: [0.0.0.0] Id. de ámbito : []

    No hay nombres en la caché

Conexión de red Bluetooth 2:
Dirección IP del nodo: [0.0.0.0] Id. de ámbito : []

No hay nombres en la caché
```

f) Hace una lista de los nombre remotos de la caché.

```
C:\Users\aprendiz>NBTSTAT -c

vEthernet (Mi tarjeta de red i7):
Dirección IP del nodo: [192.168.1.99] Id. de ámbito : []

            Tabla caché remota de NetBIOS

    Nombre          Tipo      Dir de Host    Vida [s]
    ---------------------------------------------------
    I7-PC           <20>  Único    192.168.1.99      528

Conexión de red inalámbrica:
Dirección IP del nodo: [0.0.0.0] Id. de ámbito : []

    No hay nombres en la caché

Conexión de área local* 2:
Dirección IP del nodo: [0.0.0.0] Id. de ámbito : []

    No hay nombres en la caché

Conexión de área local* 4:
Dirección IP del nodo: [0.0.0.0] Id. de ámbito : []

    No hay nombres en la caché

Conexión de red Bluetooth 2:
Dirección IP del nodo: [0.0.0.0] Id. de ámbito : []

    No hay nombres en la caché
```

> Usar:
> NetDiag /debug
> NetDiag /registerdns

g) Hace una lista de los nombres NetBIOS locales.

```
C:\Users\aprendiz>NBTSTAT -n

vEthernet (Mi tarjeta de red i7):
Dirección IP del nodo: [192.168.1.99] Id. de ámbito : []

            Tabla de nombres locales NetBIOS

    Nombre          Tipo        Estado
    ------------------------------------------
    I7-PC           <20>  Único   Registrado
    I7-PC           <00>  Único   Registrado
    GRUPO_TRABAJO   <00>  Grupo   Registrado
    GRUPO_TRABAJO   <1E>  Grupo   Registrado
    GRUPO_TRABAJO   <1D>  Único   Registrado
```

```
             ☺●__MSBROWSE__●<01>  Grupo           Registrado

Conexión de red inalámbrica:
Dirección IP del nodo: [0.0.0.0] Id. de ámbito : []

    No hay nombres en la caché

Conexión de área local* 2:
Dirección IP del nodo: [0.0.0.0] Id. de ámbito : []

    No hay nombres en la caché

Conexión de área local* 4:
Dirección IP del nodo: [0.0.0.0] Id. de ámbito : []

    No hay nombres en la caché

Conexión de red Bluetooth 2:
Dirección IP del nodo: [0.0.0.0] Id. de ámbito : []

    No hay nombres en la caché
```

h) Lista de nombres resueltos por difusión y vía WINS.
```
C:\Users\aprendiz>NBTSTAT -r

    Estadísticas de resolución y registro de nombres NetBIOS
    ---------------------------------------------------------

    Resueltos por difusión                     = 0
    Resueltos por el servidor de nombres       = 0

    Registrados por difusión                   = 134
    Registrados por el servidor de nombres     = 0
```

i) Purga y vuelve a cargar la tabla de nombres de la caché remota.
```
C:\Users\aprendiz>NBTSTAT -R
    No se puede purgar la tabla de caché remota de NBT.
    No se puede purgar la tabla de caché remota de NBT.
    No se puede purgar la tabla de caché remota de NBT.
    No se puede purgar la tabla de caché remota de NBT.
    No se puede purgar la tabla de caché remota de NBT.
```

j) Hace una lista de la tabla de sesiones convirtiendo las direcciones de destino de IP en nombres de equipo NETBIOS.
```
C:\Users\aprendiz>NBTSTAT -s

vEthernet (Mi tarjeta de red i7):
Dirección IP del nodo: [192.168.1.99] Id. de ámbito : []

    No hay conexiones

Conexión de red inalámbrica:
Dirección IP del nodo: [0.0.0.0] Id. de ámbito : []

    No hay conexiones

Conexión de área local* 2:
Dirección IP del nodo: [0.0.0.0] Id. de ámbito : []

    No hay conexiones

Conexión de área local* 4:
Dirección IP del nodo: [0.0.0.0] Id. de ámbito : []

    No hay conexiones

Conexión de red Bluetooth 2:
Dirección IP del nodo: [0.0.0.0] Id. de ámbito : []

    No hay conexiones
```

k) Visualiza o muestra la realización de una lista de la tabla de sesiones con las direcciones de destino de IP.
```
C:\Users\aprendiz>NBTSTAT -S

vEthernet (Mi tarjeta de red i7):
Dirección IP del nodo: [192.168.1.99] Id. de ámbito : []

    No hay conexiones

Conexión de red inalámbrica:
Dirección IP del nodo: [0.0.0.0] Id. de ámbito : []
```

```
            No hay conexiones

    Conexión de área local* 2:
    Dirección IP del nodo: [0.0.0.0] Id. de ámbito : []

            No hay conexiones

    Conexión de área local* 4:
    Dirección IP del nodo: [0.0.0.0] Id. de ámbito : []

            No hay conexiones

    Conexión de red Bluetooth 2:
    Dirección IP del nodo: [0.0.0.0] Id. de ámbito : []

            No hay conexiones
```

PASO 3: Ejecutado desde un Windows 2012 servidor de dominio. NBTSTAT

a) Hace una lista de los nombres [equipo] remotos de la caché NBT y sus direcciones de IP.

```
C:\Windows\system32>NBTSTAT -c

Ethernet:
Dirección IP del nodo: [192.168.2.40] Id. de ámbito : []

    No hay nombres en la caché
```

b) Hace una lista de los nombres NetBIOS locales.

```
C:\Windows\system32>NBTSTAT -n

Ethernet:
Dirección IP del nodo: [192.168.2.40] Id. de ámbito : []

            Tabla de nombres locales NetBIOS

    Nombre              Tipo         Estado
    ---------------------------------------------
    SVR-BSP-00      <20>  Único      Registrado
    SVR-BSP-00      <00>  Único      Registrado
    WORKGROUP       <00>  Grupo      Registrado
```

c) Hace una lista de los nombres [equipo] remotos de la caché NBT y sus direcciones de IP.

```
C:\Windows\system32>NBTSTAT -c

Ethernet:
Dirección IP del nodo: [192.168.2.40] Id. de ámbito : []

    No hay nombres en la caché
```

d) Hace una lista de la tabla de sesiones convirtiendo las direcciones de destino de IP en nombres de equipo NetNetBIOS.

```
C:\Windows\system32>NBTSTAT -s

Ethernet:
Dirección IP del nodo: [192.168.2.40] Id. de ámbito : []

    No hay conexiones
```

e) Lista de nombres resueltos por difusión y vía WINS.

```
C:\Windows\system32>NBTSTAT -r

    Estadísticas de resolución y registro de nombres NetBIOS
    ---------------------------------------------------------

    Resueltos por difusión                    = 0
    Resueltos por el servidor de nombres      = 0

    Registrados por difusión                  = 53
    Registrados por el servidor de nombres    = 0
```

f) Visualiza o muestra la realización de una lista de la tabla de sesiones con las direcciones de destino de IP.

```
C:\Windows\system32>NBTSTAT -S

Ethernet:
Dirección IP del nodo: [192.168.2.40] Id. de ámbito : []

    No hay conexiones
```

g) Limpiar o purgar y carga de nuevo la tabla de nombres de caché remota NBT.

```
C:\Windows\system32>NBTSTAT -R
    Purga y carga previa correcta de la tabla de nombres de caché remota NBT.
```

h) Actualizar los nombre NetBIOS que se encuentran registrados en este equipo.

```
C:\Windows\system32>NBTSTAT -RR
    Los nombres NetBIOS registrados por este equipo se actualizaron.
C:\Windows\system32>nbtstat -A 192.168.2.40

Ethernet:
Dirección IP del nodo: [192.168.2.40] Id. de ámbito : []

    Tabla de nombres de equipos remotos de NetBIOS

        Nombre           Tipo         Estado
    ---------------------------------------------
        SVR-BSP-00    <20>  Único    Registrado
        SVR-BSP-00    <00>  Único    Registrado
        WORKGROUP     <00>  Grupo    Registrado

    Dirección MAC = 00-15-5D-01-63-00
```

i) Realiza una lista de la tabla de nombres de los equipos remotos según su nombre.

```
C:\Windows\system32>NBTSTAT -a 192.168.2.40

Ethernet:
Dirección IP del nodo: [192.168.2.40] Id. de ámbito : []

    Tabla de nombres de equipos remotos de NetBIOS

        Nombre           Tipo         Estado
    ---------------------------------------------
        SVR-BSP-00    <20>  Único    Registrado
        SVR-BSP-00    <00>  Único    Registrado
        WORKGROUP     <00>  Grupo    Registrado

    Dirección MAC = 00-15-5D-01-63-00
Nota: información de la tarjeta del servidor
```

j) Comprobar toda la información de la tarjeta y todos componentes.

```
C:\Windows\system32>IPCONFIG /ALLCOMPARTMENTS /ALL

Configuración IP de Windows

==================================================================
Información de red para compartimiento 1 (ACTIVA)
==================================================================
    Nombre de host. . . . . . . . . : SVR-BSP-00
    Sufijo DNS principal  . . . . . :
    Tipo de nodo. . . . . . . . . . : híbrido
    Enrutamiento IP habilitado. . . : no
    Proxy WINS habilitado . . . . . : no

Adaptador de Ethernet Ethernet:

    Sufijo DNS específico para la conexión. . :
    Descripción . . . . . . . . . . . . . . . : Adaptador de red de Microsoft Hyper-V
    Dirección física. . . . . . . . . . . . . : 00-15-5D-01-63-00
    DHCP habilitado . . . . . . . . . . . . . : no
    Configuración automática habilitada . . . : sí
    Dirección IPv4. . . . . . . . . . . . . . : 192.168.2.40(Preferido)
    Máscara de subred . . . . . . . . . . . . : 255.255.255.0
    Puerta de enlace predeterminada . . . . . : 192.168.2.100
    Servidores DNS. . . . . . . . . . . . . . : 192.168.2.40
    NetBIOS sobre TCP/IP. . . . . . . . . . . : habilitado

Adaptador de túnel isatap.{27C8D2AD-FEDB-4CCF-8353-A992C853F99E}:

    Estado de los medios. . . . . . . . . . . : medios desconectados
    Sufijo DNS específico para la conexión. . :
    Descripción . . . . . . . . . . . . . . . : Adaptador ISATAP de Microsoft #2
    Dirección física. . . . . . . . . . . . . : 00-00-00-00-00-00-00-E0
    DHCP habilitado . . . . . . . . . . . . . : no
    Configuración automática habilitada . . . : sí
```

PASO 4: Comprobar y solucionar errores refrescando y borrando caché NetBIOS.

Se han unido en una misma línea de comandos 3 comandos que se deben ejecutar siempre que el primero se ejecute se ejecuta el siguiente y posteriormente el último.

```
NBTSTAT –R & NBTSTAT -r & NBTSTAT –c
```

a) Ejecutado en Windows 10.

```
C:\Windows\system32>NBTSTAT -R & NBTSTAT -r & NBTSTAT -c
Purga y carga previa correcta de la tabla de nombres de caché remota NBT.

    Estadísticas de resolución y registro de nombres NetBIOS
    ---------------------------------------------------------

    Resueltos por difusión                   = 54
    Resueltos por el servidor de nombres     = 0

    Registrados por difusión                 = 62
    Registrados por el servidor de nombres   = 0

    Nombres NetBIOS resueltos por difusión
    ---------------------------------------------------------
            鱉□坤~††††鱉□坤~††††
            鱉□坤~††††鱉□坤~††††
            鱉□坤~††††鱉□坤~††††
            鱉□坤~††††鱉□坤~††††
            鱉□坤~††††鱉□坤~††††
            鱉□坤~††††鱉□坤~††††
            鱉□坤~††††鱉□坤~††††
                    鱉□坤~††††

vEthernet (Mi tarjeta de red i7):
Dirección IP del nodo: [0.0.0.0] Id. de ámbito : []

    No hay nombres en la caché

Conexión de red Bluetooth 2:
Dirección IP del nodo: [0.0.0.0] Id. de ámbito : []

    No hay nombres en la caché

Conexión de red inalámbrica:
Dirección IP del nodo: [192.168.2.188] Id. de ámbito : []

    No hay nombres en la caché

Conexión de área local* 2:
Dirección IP del nodo: [0.0.0.0] Id. de ámbito : []

    No hay nombres en la caché
```

b) Ejecutado en Windows 2012 R2 Server.

```
C:\Windows\system32>NBTSTAT -R & NTBSTAT -r & NBTSTAT  -c
  Purga y carga previa correcta de la tabla de nombres de caché remota NBT.
"NTBSTAT" no se reconoce como un comando interno o externo,
programa o archivo por lotes ejecutable.

Ethernet:
Dirección IP del nodo: [192.168.2.40] Id. de ámbito : []

    No hay nombres en la caché

C:\Windows\system32>NBTSTAT -R & NBTSTAT -r & NBTSTAT  -c
  Purga y carga previa correcta de la tabla de nombres de caché remota NBT.

    Estadísticas de resolución y registro de nombres NetBIOS
    ---------------------------------------------------------

    Resueltos por difusión                   = 0
    Resueltos por el servidor de nombres     = 0

    Registrados por difusión                 = 5
    Registrados por el servidor de nombres   = 0

Ethernet:
Dirección IP del nodo: [192.168.2.40] Id. de ámbito : []

    No hay nombres en la caché
```

PASO 5: Indicar la ruta y mostrar su seguimiento hasta el destino de un host. TRACERT

El comando TRACERT, se muestra la ruta desde la petición y de todos los host que tramitan la petición hasta que llega al host destino y este le devuelve la comunicación. El tipo de paquetes que envía son IP y utiliza para ello el campo de cabecera

TTL, asignando diferentes valores, para ir calculando el alcance. Nos informa de la latencia de cada paquete, es una estimación de la distancia en la que se encuentran ambos extremos de la comunicación.

a) Ayuda en la línea de comandos.
   TRACERT /?
b) Mostar ruta por defecto, sin opciones.

```
C:\Windows\system32>TRACERT  8.8.8.8

Traza a la dirección google-public-dns-a.google.com [8.8.8.8]
sobre un máximo de 30 saltos:

  1    17 ms    82 ms    40 ms  192.168.2.100
  2    17 ms    28 ms    82 ms  10.237.160.1
  3    38 ms    27 ms    33 ms  10.105.240.65
  4    21 ms    24 ms    20 ms  10.254.14.165
  5    23 ms    24 ms    24 ms  10.254.2.137
  6    24 ms    20 ms    26 ms  10.254.10.150
  7    61 ms    53 ms    54 ms  62.42.228.62.static.user.ono.com [62.42.228.62]
  8    22 ms    21 ms    23 ms  72.14.233.161
  9    22 ms    22 ms    25 ms  216.239.48.109
 10    22 ms    27 ms    20 ms  google-public-dns-a.google.com [8.8.8.8]

Traza completa.

C:\Windows\system32>TRACERT  www.google.com

Traza a la dirección www.google.com [216.58.201.132]
sobre un máximo de 30 saltos:

  1     6 ms     5 ms     4 ms  192.168.2.100
  2    10 ms     7 ms     9 ms  10.237.160.1
  3    11 ms    11 ms     9 ms  10.105.240.65
  4    14 ms    18 ms    17 ms  10.254.14.165
  5    18 ms    15 ms    31 ms  10.254.13.241
  6    16 ms    18 ms    16 ms  10.254.14.110
  7    45 ms    55 ms    74 ms  62.42.228.62.static.user.ono.com [62.42.228.62]
  8    54 ms    16 ms    22 ms  72.14.235.18
  9     *       18 ms    20 ms  216.239.40.217
 10    17 ms    17 ms    17 ms  mad06s25-in-f4.1e100.net [216.58.201.132]

Traza completa.
```

c) No mostrará los nombre de dominio hasta el destino.

```
C:\Windows\system32>TRACERT -d www.google.es

Traza a la dirección www.google.es [74.125.206.94]
sobre un máximo de 30 saltos:

  1     2 ms     2 ms     1 ms  192.168.2.100
  2     8 ms    12 ms     9 ms  10.237.160.1
  3     8 ms     7 ms     8 ms  10.105.240.141
  4    14 ms    16 ms    13 ms  10.105.240.157
  5    26 ms    15 ms    25 ms  10.254.2.145
  6    14 ms    16 ms    20 ms  10.254.10.150
  7    51 ms    47 ms    46 ms  62.42.228.62
  8    23 ms    16 ms    21 ms  72.14.235.20
  9    38 ms    33 ms    32 ms  209.85.245.237
 10    35 ms    38 ms    42 ms  216.239.57.237
 11    92 ms    83 ms    81 ms  216.239.62.155
 12     *        *        *     Tiempo de espera agotado para esta solicitud.
 13     *        *        *     Tiempo de espera agotado para esta solicitud.
 14     *        *        *     Tiempo de espera agotado para esta solicitud.
 15     *        *        *     Tiempo de espera agotado para esta solicitud.
 16     *        *        *     Tiempo de espera agotado para esta solicitud.
 17     *        *        *     Tiempo de espera agotado para esta solicitud.
 18     *        *        *     Tiempo de espera agotado para esta solicitud.
 19     *        *        *     Tiempo de espera agotado para esta solicitud.
 20   149 ms   133 ms   230 ms  74.125.206.94
Traza completa.
```

> **Traceroute:** los tiempos se calculan además una estadística del RTT o latencia de red de esos paquetes, esto es una estimación en relación a la distancia a la que están los extremos de la comunicación.
> **Round-Trip delay Time (o RTT).**
> Utilizado en telecomunicaciones como el tiempo que tarda un paquete desde que se envía del emisor al receptor y este lo devuelve, si lo alcanza. Ej. De utilización HTTP 1.0, en TCP, en la descarga previa.

c.1) Especificando la IP del servidor de Dominio.

```
C:\Windows\system32>TRACERT -d 8.8.8.8

Traza a 8.8.8.8 sobre caminos de 30 saltos como máximo.

  1     4 ms     6 ms     3 ms  192.168.2.100
  2   332 ms    22 ms    21 ms  10.237.160.1
  3     7 ms    10 ms     8 ms  10.105.240.65
  4    17 ms    17 ms    28 ms  10.254.14.165
```

```
 5    15 ms    35 ms    15 ms   10.254.2.137
 6    18 ms    16 ms    21 ms   10.254.10.150
 7    50 ms    49 ms    48 ms   62.42.228.62
 8    17 ms    21 ms    19 ms   72.14.233.161
 9    17 ms    21 ms    18 ms   216.239.48.109
10    18 ms    37 ms    15 ms   8.8.8.8

Traza completa.
```

Se espcecifca solamente el nombre del servidorde dominio.

```
C:\Windows\system32>TRACERT  -d www.google.com
Traza a la dirección www.google.com [74.125.206.99]
sobre un máximo de 30 saltos:

 1     3 ms     3 ms     1 ms   192.168.2.100
 2     7 ms    10 ms     8 ms   10.237.160.1
 3     9 ms     9 ms     8 ms   10.105.240.165
 4    16 ms    28 ms    16 ms   10.254.14.165
 5    22 ms    18 ms    18 ms   10.254.7.57
 6    18 ms    16 ms    14 ms   10.254.3.222
 7    55 ms    50 ms    56 ms   62.42.228.62
 8    16 ms    18 ms    16 ms   72.14.235.18
 9    31 ms    31 ms    32 ms   209.85.246.133
10    45 ms    36 ms    64 ms   216.239.50.165
11    35 ms    37 ms    35 ms   216.239.47.177
12     *        *        *      Tiempo de espera agotado para esta solicitud.
13     *        *        *      Tiempo de espera agotado para esta solicitud.
14     *        *        *      Tiempo de espera agotado para esta solicitud.
15     *        *        *      Tiempo de espera agotado para esta solicitud.
16     *        *        *      Tiempo de espera agotado para esta solicitud.
17     *        *        *      Tiempo de espera agotado para esta solicitud.
18     *        *        *      Tiempo de espera agotado para esta solicitud.
19     *        *        *      Tiempo de espera agotado para esta solicitud.
20    37 ms    35 ms    35 ms   74.125.206.99

Traza completa.
```

d) Establecer el número máximo de saltos máximo para alcanzar un destino.

   TRACERT -H (valor)

```
C:\Windows\system32>TRACERT -h 14 8.8.8.8

Traza a la dirección google-public-dns-a.google.com [8.8.8.8]
sobre un máximo de 14 saltos:

 1     3 ms     6 ms     2 ms   192.168.2.100
 2     8 ms     7 ms     7 ms   10.237.160.1
 3    15 ms   130 ms     7 ms   10.105.240.65
 4    17 ms    15 ms    18 ms   10.254.14.165
 5    16 ms    14 ms    27 ms   10.254.2.137
 6    15 ms    41 ms    29 ms   10.254.10.150
 7    16 ms    17 ms    20 ms   62.42.228.62.static.user.ono.com [62.42.228.62]
 8    15 ms    16 ms    18 ms   72.14.233.161
 9    17 ms    19 ms    16 ms   216.239.48.109
10    19 ms    18 ms    17 ms   google-public-dns-a.google.com [8.8.8.8]

Traza completa.

C:\Windows\system32>TRACERT -h 14 www.google.com

Traza a la dirección www.google.com [74.125.206.99]
sobre un máximo de 14 saltos:

 1     4 ms     3 ms     1 ms   192.168.2.100
 2     8 ms     8 ms     8 ms   10.237.160.1
 3     9 ms     7 ms     7 ms   10.105.240.165
 4    17 ms    25 ms    13 ms   10.254.14.165
 5    31 ms    15 ms    15 ms   10.254.7.57
 6    25 ms    22 ms    20 ms   10.254.3.222
 7    17 ms    18 ms    26 ms   62.42.228.62.static.user.ono.com [62.42.228.62]
 8    19 ms    15 ms    15 ms   72.14.235.18
 9    36 ms    44 ms   102 ms   209.85.246.133
10    43 ms    63 ms    54 ms   216.239.50.165
11    40 ms    37 ms    35 ms   216.239.47.177
12     *        *        *      Tiempo de espera agotado para esta solicitud.
13     *        *        *      Tiempo de espera agotado para esta solicitud.
14     *        *        *      Tiempo de espera agotado para esta solicitud.

Traza completa.
```

e) Establecer la lista de equipos por los que se debe pasar, hasta llegar al destino.

   e.1) Lista errónea.

```
C:\Windows\system32>TRACERT -j 8.8.8.8 8.8.4.4  4.4.4.4

Traza a la dirección alu7750testscr.xyz1.gblx.mgmt.Level3.net [4.4.4.4]
sobre un máximo de 30 saltos:

  1     *        *        *     Tiempo de espera agotado para esta solicitud.
  2     *        *        *     Tiempo de espera agotado para esta solicitud.
 . . . . .
 30     *        *        *     Tiempo de espera agotado para esta solicitud.

Traza completa.
```

> El número máximo de DIRECCIONES IP que forme la lista es de 9.

```
C:\Users\aprendiz>TRACERT -j 10.12.0.1 10.29.3.1  10.1.44.1 corp7.microsoft.com

Traza a la dirección corp7.microsoft.com [92.242.134.28]
sobre un máximo de 30 saltos:

  1     *        *        *     Tiempo de espera agotado para esta solicitud.
  2     *        *        *     Tiempo de espera agotado para esta solicitud.
  3     *        *        *     Tiempo de espera agotado para esta solicitud.
  4     *       ^C

C:\Users\aprendiz>TRACERT -j 192.168.2.100 8.8.8.8 corp7.microsoft.com

Traza a la dirección corp7.microsoft.com [92.242.134.28]
sobre un máximo de 30 saltos:

  1     *        *        *     Tiempo de espera agotado para esta solicitud.
  2     *        *        *     Tiempo de espera agotado para esta solicitud.
  3     *        *        *     Tiempo de espera agotado para esta solicitud.
  4     *        *        *     Tiempo de espera agotado para esta solicitud.
  5     *        *        *     Tiempo de espera agotado para esta solicitud.
  6     *        *        *     Tiempo de espera agotado para esta solicitud.
  7     *        *        *     Tiempo de espera agotado para esta solicitud.
  8     *        *        *     Tiempo de espera agotado para esta solicitud.
  9     *        *        *     Tiempo de espera agotado para esta solicitud.
 10     *        *        *     Tiempo de espera agotado para esta solicitud.
 11     *        *        *     Tiempo de espera agotado para esta solicitud.
 12     *        *        *     Tiempo de espera agotado para esta solicitud.
 13     *        *        *     Tiempo de espera agotado para esta solicitud.
 14     *        *        *     Tiempo de espera agotado para esta solicitud.
 15     *        *        *     Tiempo de espera agotado para esta solicitud.
 16     *        *        *     Tiempo de espera agotado para esta solicitud.
 17     *        *        *     Tiempo de espera agotado para esta solicitud.
 18     *        *        *     Tiempo de espera agotado para esta solicitud.
 19     *        *        *     Tiempo de espera agotado para esta solicitud.
 20     *        *        *     Tiempo de espera agotado para esta solicitud.
 21     *        *        *     Tiempo de espera agotado para esta solicitud.
 22     *        *        *     Tiempo de espera agotado para esta solicitud.
 23     *        *        *     Tiempo de espera agotado para esta solicitud.
 24     *        *        *     Tiempo de espera agotado para esta solicitud.
 25     *        *        *     Tiempo de espera agotado para esta solicitud.
 26     *        *        *     Tiempo de espera agotado para esta solicitud.
 27     *        *        *     Tiempo de espera agotado para esta solicitud.
 28     *        *        *     Tiempo de espera agotado para esta solicitud.
 29     *        *        *     Tiempo de espera agotado para esta solicitud.
 30     *        *        *     Tiempo de espera agotado para esta solicitud.

Traza completa.
```

f) Tiempo de espera expresado en milisegundos.

```
C:\Windows\system32>TRACERT  -d   -4 -w 5000    www.google.es

Traza a la dirección www.google.es [74.125.206.94]
sobre un máximo de 30 saltos:

  1    2 ms     1 ms     1 ms  192.168.2.100
  2    9 ms     7 ms     8 ms  10.237.160.1
  3    9 ms     8 ms     9 ms  10.105.240.169
  4   14 ms    16 ms    28 ms  10.105.240.153
  5   30 ms    17 ms    14 ms  10.254.14.165
  6   18 ms    16 ms    15 ms  10.254.2.137
  7   15 ms    14 ms    15 ms  10.254.3.222
  8   16 ms    15 ms    14 ms  62.42.228.62
  9   16 ms    19 ms    16 ms  72.14.235.18
 10   32 ms    30 ms    31 ms  209.85.246.133
 11   38 ms    37 ms    68 ms  216.239.50.165
 12   35 ms    35 ms    35 ms  216.239.47.177
 13     *        *        *     Tiempo de espera agotado para esta solicitud.
 14     *        *        *     Tiempo de espera agotado para esta solicitud.
 15     *        *        *     Tiempo de espera agotado para esta solicitud.
 16     *        *        *     Tiempo de espera agotado para esta solicitud.
```

> TRACERT -w número de milisegundos antes de cada respuesta, el valor por defecto 4000 (4 seg).

```
17    *       *       *     Tiempo de espera agotado para esta solicitud.
18    *       *       *     Tiempo de espera agotado para esta solicitud.
19    *       *       *     Tiempo de espera agotado para esta solicitud.
20    *       *       *     Tiempo de espera agotado para esta solicitud.
21   35 ms   36 ms   35 ms  74.125.206.94
```

PASO 6: Diagnosticar problemas de conexión o latencia. PATHPING.

El comando **pathping** es una herramienta de traza de rutas que combina características de los comandos **ping** y **tracert** con información adicional que ninguna de esas herramientas proporciona. El comando **pathping** envía paquetes a cada enrutador de la ruta hasta el destino final durante un período de tiempo y, a continuación, calcula los resultados en función de los paquetes devueltos en cada salto. Puesto que el comando muestra el nivel de pérdidas de paquetes en un vínculo o enrutador específicos, es sencillo determinar qué enrutadores o vínculos podrían estar causando problemas en la red.

a) Forzar a utilizar IPv4 e intentar alcanzar un servidor por IP (8.8.8.8), es un servidor de google.

```
C:\Windows\system32>PATHPING  -4    8.8.8.8

Seguimiento de ruta a google-public-dns-a.google.com [8.8.8.8]
sobre un máximo de 30 saltos:
    0  i7-PC [192.168.1.99]
    1  192.168.1.1
    2  192.168.144.1
    3   *        *        *
Procesamiento de estadísticas durante 50 segundos...
             Origen hasta aquí    Este Nodo/Vínculo
Salto  RTT   Perdido/Enviado = Pct  Perdido/Enviado = Pct  Dirección
  0                                                        i7-PC [192.168.1.99]
                                     0/ 100 =  0%   |
  1    0ms    0/ 100 =  0%            0/ 100 =  0%  192.168.1.1
                                   100/ 100 =100%   |
  2    ---  100/ 100 =100%            0/ 100 =  0%  192.168.144.1

Traza completa.
```

b) No resuelve direcciones de Host.

```
C:\Windows\system32>PATHPING -n   8.8.8.8

Seguimiento de ruta a 8.8.8.8 sobre un máximo de 30 saltos.

    0  192.168.1.99
    1  192.168.1.1
    2  192.168.144.1
    3   *        *        *
Procesamiento de estadísticas durante 50 segundos...
             Origen hasta aquí    Este Nodo/Vínculo
Salto  RTT   Perdido/Enviado = Pct  Perdido/Enviado = Pct  Dirección
  0                                                        192.168.1.99
                                     0/ 100 =  0%   |
  1    0ms    0/ 100 =  0%            0/ 100 =  0%  192.168.1.1
                                   100/ 100 =100%   |
  2    ---  100/ 100 =100%            0/ 100 =  0%  192.168.144.1

Traza completa.
```

> PATHPING -h número de saltos entre 1-255, valor por defecto 30

c) Establecer el número máximo de saltos.

```
C:\Windows\system32>PATHPING -h 100   8.8.8.8

Seguimiento de ruta a google-public-dns-a.google.com [8.8.8.8]
sobre un máximo de 100 saltos:
    0  i7-PC [192.168.1.99]
    1  192.168.1.1
    2  192.168.144.1
    3   *        *        *
Procesamiento de estadísticas durante 50 segundos...
             Origen hasta aquí    Este Nodo/Vínculo
Salto  RTT   Perdido/Enviado = Pct  Perdido/Enviado = Pct  Dirección
  0                                                        i7-PC [192.168.1.99]
                                     0/ 100 =  0%   |
  1    0ms    0/ 100 =  0%            0/ 100 =  0%  192.168.1.1
                                   100/ 100 =100%   |
  2    ---  100/ 100 =100%            0/ 100 =  0%  192.168.144.1

Traza completa.
```

> PATHPING -p segundos de espera entre cada ping entre 1-255, valor por defecto 250 (1/4 segundo)

d) Número de segundos que se espera entre cada ping.

```
C:\Windows\system32>PATHPING  -p 5   8.8.8.8

Seguimiento de ruta a google-public-dns-a.google.com [8.8.8.8]
```

```
        sobre un máximo de 30 saltos:
          0  i7-PC [192.168.1.99]
          1  192.168.1.1
          2  192.168.144.1
          3   *      *      *
        Procesamiento de estadísticas durante 1 segundos...
                    Origen hasta aquí    Este Nodo/Vínculo
        Salto RTT   Perdido/Enviado = Pct  Perdido/Enviado = Pct  Dirección
          0                                                      i7-PC [192.168.1.99]
                                           0/ 100 =  0%   |
          1   0ms    0/ 100 =  0%         0/ 100 =  0%   192.168.1.1
                                         100/ 100 =100%   |
          2   ---   100/ 100 =100%        0/ 100 =  0%   192.168.144.1

        Traza completa.
```

e) Establecer una IP como dirección de origen específica.
```
        C:\Windows\system32>PATHPING -i 192.168.1.120  8.8.8.8

        Seguimiento de ruta a google-public-dns-a.google.com [8.8.8.8]
        sobre un máximo de 30 saltos:

        La opción 椭 solo es compatible para IPv6.
```

f) Utilizar solo IPv6, primero por IP y después por nombre. Por nombre resuelve.
```
        C:\Windows\system32> PATHPING -6 8.8.8.8
        No se puede resolver el nombre del sistema de destino 8.8.8.8.

        C:\Windows\system32> PATHPING -6 www.google.es

        Seguimiento de ruta a www.google.es [2a00:1450:4003:804::2003]
        sobre un máximo de 30 saltos:
          0  i7-PC [fe80::b9ca:2a45:541d:2e0f%9]
          1   *      *      *
        Procesamiento de estadísticas durante 0 segundos...
                    Origen hasta aquí    Este Nodo/Vínculo
        Salto RTT   Perdido/Enviado = Pct  Perdido/Enviado = Pct  Dirección
          0                                                      i7-PC [fe80::b9ca:2a45:541d:2e0f%9]

        Traza completa.
        Establecer una IPv4 como dirección de origen y utilizan solo IPv6.
        C:\Windows\system32>pathping -i 192.168.1.120 -6 8.8.8.8
        No se puede resolver el nombre del sistema de destino 8.8.8.8.
```

> PATHPING -q número de consultas por saltos entre 1-255, valor por defecto 100.

g) Establecer un número de consultas por salto.
```
        C:\Windows\system32> PATHPING -q 255 -6 www.google.es

        Seguimiento de ruta a www.google.es [2a00:1450:4003:804::2003]
        sobre un máximo de 30 saltos:
          0  i7-PC [fe80::b9ca:2a45:541d:2e0f%9]
          1   *      *      *
        Procesamiento de estadísticas durante 0 segundos...
                    Origen hasta aquí    Este Nodo/Vínculo
        Salto RTT   Perdido/Enviado = Pct  Perdido/Enviado = Pct  Dirección
          0                                                      i7-PC [fe80::b9ca:2a45:541d:2e0f%9]

        Traza completa.
```

g) Se establece el número de consultas por salto el tiempo de segundos de espera por cada ping y los milisegundos de espera antes de cada respuesta. Esto es factible con IPv4 pero no con IPv6.
```
        C:\Windows\system32> PATHPING -q 255  -p 100  -w 50    www.google.es

        Seguimiento de ruta a www.google.es [216.58.201.131]
        sobre un máximo de 30 saltos:
          0  i7-PC [192.168.1.99]
          1  192.168.1.1
          2  192.168.144.1
          3   *      *      *
        Procesamiento de estadísticas durante 51 segundos...
                    Origen hasta aquí    Este Nodo/Vínculo
        Salto RTT   Perdido/Enviado = Pct  Perdido/Enviado = Pct  Dirección
          0                                                      i7-PC [192.168.1.99]
                                           0/ 255 =  0%   |
          1   0ms    0/ 255 =  0%         0/ 255 =  0%   192.168.1.1
                                         255/ 255 =100%   |
          2   ---   255/ 255 =100%        0/ 255 =  0%   192.168.144.1

        Traza completa.
```

> PATHPING -w número de milisegundos antes de cada respuesta, el valor por defecto 3000 (3seg).

h) Tiempos de espera a la respuesta de saltos muy altos. En principio no he encontrado límite en el parámetro de tiempos de espera (se prueba hasta con 256000000000000).

```
C:\Windows\system32> PATHPING -q 255  -p 100  -w 256000   www.google.es

Seguimiento de ruta a www.google.es [216.58.201.131]
sobre un máximo de 30 saltos:
  0  i7-PC [192.168.1.99] C:\Users\aprendiz>tracert -j 192.168.2.100 8.8.8.8
     corp7.microsoft.com

Traza a la dirección corp7.microsoft.com [92.242.134.28]
sobre un máximo de 30 saltos:

   1    *        *        *     Tiempo de espera agotado para esta solicitud.
   2    *        *        *     Tiempo de espera agotado para esta solicitud.
   3    *        *        *     Tiempo de espera agotado para esta solicitud.
   4    *        *        *     Tiempo de espera agotado para esta solicitud.
   5    *        *        *     Tiempo de espera agotado para esta solicitud.
   6    *        *        *     Tiempo de espera agotado para esta solicitud.
   7    *        *        *     Tiempo de espera agotado para esta solicitud.
   8    *        *        *     Tiempo de espera agotado para esta solicitud.
   9    *        *        *     Tiempo de espera agotado para esta solicitud.
  10    *        *        *     Tiempo de espera agotado para esta solicitud.
  11    *        *        *     Tiempo de espera agotado para esta solicitud.
  12    *        *        *     Tiempo de espera agotado para esta solicitud.
  13    *        *        *     Tiempo de espera agotado para esta solicitud.
  14    *        *        *     Tiempo de espera agotado para esta solicitud.
  15    *        *        *     Tiempo de espera agotado para esta solicitud.
  16    *        *        *     Tiempo de espera agotado para esta solicitud.
  17    *        *        *     Tiempo de espera agotado para esta solicitud.
  18    *        *        *     Tiempo de espera agotado para esta solicitud.
  19    *        *        *     Tiempo de espera agotado para esta solicitud.
  20    *        *        *     Tiempo de espera agotado para esta solicitud.
  21    *        *        *     Tiempo de espera agotado para esta solicitud.
  22    *        *        *     Tiempo de espera agotado para esta solicitud.
  23    *        *        *     Tiempo de espera agotado para esta solicitud.
  24    *        *        *     Tiempo de espera agotado para esta solicitud.
  25    *        *        *     Tiempo de espera agotado para esta solicitud.
  26    *        *        *     Tiempo de espera agotado para esta solicitud.
  27    *        *        *     Tiempo de espera agotado para esta solicitud.
  28    *        *        *     Tiempo de espera agotado para esta solicitud.
  29    *        *        *     Tiempo de espera agotado para esta solicitud.
  30    *        *        *     Tiempo de espera agotado para esta solicitud.

Traza completa.
  1  192.168.1.1
  2  192.168.144.1
  3   *        *        *
Procesamiento de estadísticas durante 51 segundos...
              Origen hasta aquí    Este Nodo/Vínculo
Salto  RTT    Perdido/Enviado = Pct  Perdido/Enviado = Pct  Dirección
  0                                                          i7-PC [192.168.1.99]
                                     0/ 255 =  0%   |
  1   0ms     0/ 255 =  0%           0/ 255 =  0%   192.168.1.1
                                   255/ 255 =100%   |
  2   ---   255/ 255 =100%           0/ 255 =  0%   192.168.144.1

Traza completa.
```

PRÁCTICA 10: Comprobar el funcionamiento del servidor DNS.

DESCRIPCIÓN:

DNS son las iniciales de **Domain Name System** (sistema de nombres de dominio) y es una tecnología basada en una base de datos que sirve para **resolver nombres** en las redes, es decir, para conocer la dirección IP de la máquina donde está alojado el dominio al que queremos acceder.

Cuando un ordenador está conectado a una red (ya sea Internet o una red casera) tiene asignada una dirección IP, asociada a una MAC. Si existe un volumen muy grande de IPs se hace imposible, por eso existen los dominios y las DNS para traducirlos.

El DNS es un sistema que sirve para traducir los nombres en la red, y está compuesto por tres partes con funciones bien diferenciadas.

Cliente DNS: está instalado en el cliente (IP escritas en DNS) y realiza peticiones de resolución de nombres a los servidores DNS.

Servidor DNS: son los que contestan las peticiones y resuelven los nombres mediante un sistema estructurado en árbol. Las direcciones DNS que ponemos en la configuración de la conexión, son las direcciones de los Servidores DNS.

Zonas de autoridad: son servidores o grupos de ellos que tienen asignados resolver un conjunto de dominios determinado (como los .es o los .org).

¿Cómo funciona?

La resolución de nombres utiliza una estructura en árbol, mediante la cual los diferentes servidores DNS de las zonas de autoridad se encargan de resolver las direcciones de su zona, y sino se lo solicitan a otro servidor que creen que conoce la dirección.

PASO 1: Acceder a la utilidad NSLOOKUP

Se puede ejecutar directamente desde la línea de comandos o desde dentro de la aplicación, que es lo más normal.

a) Comprobar funcionamiento de SERVIDOR DNS.

```
NSLOOKUP
C:\Windows\system32> PING 192.168.2.120
Estadísticas de ping para 192.168.2.120
        Paquetes: enviados =  4,  recibidos = 4, perdidos = 0
        (0% perdidos),
Tiempos  aproximados de ida y vuelta en milisegundos:
        Mínimo = 0ms,  Máximo = 0ms,  Media = 0ms

C:\Windows\system32> nslookup
Servidor predeterminado:    Unknown
Address:   192.168.2.120

>   svrbsp
Servidor:    Unknown
Address:   192.168.2.120

*** Unknown  no encuentra svrbsp:  Server failed

>   dwawprog0.local
Servidor:    Unknown
Address:   192.168.2.120

*** Unknown  no encuentra dwawpro0.local:  Non-existent  domain

>   dawprog01.local
Servidor:    Unknown
Address:   192.168.2.120

Nombre:    dawprog01.local
Address:    192.168.2.120
```

b) Ayuda.
   b.1) Completa dentro de la utilidad nslookup. Se teclea
      > help
   b.2) Ayudas de asignación.
      > set all

c) Seleccionar una formar de consultar al DNS.
    >set type=NS
    google.es
    8.8.8.8
    > set type=ns
    > google.es

```
Servidor:  dc20.sauces.local
Address:   192.168.20.20

Respuesta no autoritativa:
google.es        nameserver = ns3.google.com
google.es        nameserver = ns2.google.com
google.es        nameserver = ns1.google.com
google.es        nameserver = ns4.google.com

ns3.google.com   internet address = 216.239.36.10
ns2.google.com   internet address = 216.239.34.10
ns1.google.com   internet address = 216.239.32.10
ns4.google.com   internet address = 216.239.38.10
```

d) Refrescar los DNS. Antes de entrar en loopback.
   IPCONFIG   /FLUSHDNS

   Visualizar toda la información en la tarjeta de red con **IPCONFIG.**
   IPCONFIG   /ALL

```
C:\Windows\system32>IPCONFIG     /ALL

Configuración IP de Windows

    Nombre de host. . . . . . . . . : IS31W7PR
    Sufijo DNS principal  . . . . . : sauces.local
    Tipo de nodo. . . . . . . . . . : híbrido
    Enrutamiento IP habilitado. . . : no
    Proxy WINS habilitado . . . . . : no
    Lista de búsqueda de sufijos DNS: sauces.local

Adaptador de Ethernet Conexión de área local:

    Sufijo DNS específico para la conexión. . :
    Descripción . . . . . . . . . . . . . . . : Realtek PCIe GBE Family Controller
    Dirección física. . . . . . . . . . . . . : 14-DA-E9-EF-75-CC
    DHCP habilitado . . . . . . . . . . . . . : no
    Configuración automática habilitada . . . : sí
    Dirección IPv4. . . . . . . . . . . . . . : 192.168.2.100(Preferido)
    Máscara de subred . . . . . . . . . . . . : 255.255.255.0
    Puerta de enlace predeterminada . . . . . : 192.168.2.1
    Servidores DNS. . . . . . . . . . . . . . : 8.8.8.8
    NetBIOS sobre TCP/IP. . . . . . . . . . . : habilitado

Adaptador de Ethernet VirtualBox Host-Only Network:

    Sufijo DNS específico para la conexión. . :
    Descripción . . . . . . . . . . . . . . . : VirtualBox Host-Only Ethernet Adapter
    Dirección física. . . . . . . . . . . . . : 0A-00-27-00-00-00
    DHCP habilitado . . . . . . . . . . . . . : no
    Configuración automática habilitada . . . : sí
    Vínculo: dirección IPv6 local . . . : fe80::6ce6:6a80:a350:a072%14(Preferido)

    Dirección IPv4. . . . . . . . . . . . . . : 192.168.56.1(Preferido)
    Máscara de subred . . . . . . . . . . . . : 255.255.255.0
    Puerta de enlace predeterminada . . . . . :
    IAID DHCPv6 . . . . . . . . . . . . . . . : 319291431
    DUID de cliente DHCPv6. . . . . . . . . . : 00-01-00-01-1D-89-A8-0F-14-DA-E9-EF-75-CC
    Servidores DNS. . . . . . . . . . . . . . : fec0:0:0:ffff::1%1
                                                fec0:0:0:ffff::2%1
                                                fec0:0:0:ffff::3%1
    NetBIOS sobre TCP/IP. . . . . . . . . . . : habilitado

Adaptador de Ethernet Conexión de área local 2:

    Sufijo DNS específico para la conexión. . :
    Descripción . . . . . . . . . . . . . . . : VirtualBox Host-Only Ethernet Adapter #2
    Dirección física. . . . . . . . . . . . . : 0A-00-27-00-00-00
    DHCP habilitado . . . . . . . . . . . . . : sí
    Configuración automática habilitada . . . : sí
    Vínculo: dirección IPv6 local . . . : fe80::b53b:a86:2d57:f302%16(Preferido)
    Dirección IPv4 de configuración automática: 169.254.243.2(Preferido)
    Máscara de subred . . . . . . . . . . . . : 255.255.0.0
    Puerta de enlace predeterminada . . . . . :
    IAID DHCPv6 . . . . . . . . . . . . . . . : 268959783
    DUID de cliente DHCPv6. . . . . . . . . . : 00-01-00-01-1D-89-A8-0F-14-DA-E9-EF-75-CC
    Servidores DNS. . . . . . . . . . . . . . : fec0:0:0:ffff::1%1
                                                fec0:0:0:ffff::2%1
                                                fec0:0:0:ffff::3%1
    NetBIOS sobre TCP/IP. . . . . . . . . . . : habilitado
```

```
Adaptador de túnel isatap.{B285D8C2-9B69-425E-91ED-805C6E99E368}:

   Estado de los medios. . . . . . . . . . . : medios desconectados
   Sufijo DNS específico para la conexión. . :
   Descripción . . . . . . . . . . . . . . . : Adaptador ISATAP de Microsoft
   Dirección física. . . . . . . . . . . . . : 00-00-00-00-00-00-00-E0
   DHCP habilitado . . . . . . . . . . . . . : no
   Configuración automática habilitada . . . : sí

Adaptador de túnel Teredo Tunneling Pseudo-Interface:

   Estado de los medios. . . . . . . . . . . : medios desconectados
   Sufijo DNS específico para la conexión. . :
   Descripción . . . . . . . . . . . . . . . : Teredo Tunneling Pseudo-Interface

   Dirección física. . . . . . . . . . . . . : 00-00-00-00-00-00-00-E0
   DHCP habilitado . . . . . . . . . . . . . : no
   Configuración automática habilitada . . . : sí

Adaptador de túnel isatap.{D1F54722-0BE4-4FB7-9192-9B7777AE4F1E}:

   Estado de los medios. . . . . . . . . . . : medios desconectados
   Sufijo DNS específico para la conexión. . :
   Descripción . . . . . . . . . . . . . . . : Adaptador ISATAP de Microsoft #2
   Dirección física. . . . . . . . . . . . . : 00-00-00-00-00-00-00-E0
   DHCP habilitado . . . . . . . . . . . . . : no
   Configuración automática habilitada . . . : sí

Adaptador de túnel isatap.{C440E5DF-4E74-4039-9CC5-CD7A42B55902}:

   Estado de los medios. . . . . . . . . . . : medios desconectados
   Sufijo DNS específico para la conexión. . :
   Descripción . . . . . . . . . . . . . . . : Adaptador ISATAP de Microsoft #3
   Dirección física. . . . . . . . . . . . . : 00-00-00-00-00-00-00-E0
   DHCP habilitado . . . . . . . . . . . . . : no
   Configuración automática habilitada . . . : sí
```

e) Consultar por la asociación de un nombre con un servidor de nombres.

```
C:\Windows\system32>NSLOOKUP
Servidor predeterminado:  google-public-dns-a.google.com
Address:  8.8.8.8

> set type=ns
> google.es
Servidor:  google-public-dns-a.google.com
Address:  8.8.8.8

Respuesta no autoritativa:
google.es       nameserver = ns1.google.com
google.es       nameserver = ns2.google.com
google.es       nameserver = ns4.google.com
google.es       nameserver = ns3.google.com
```

f) Consultar por Alias.

```
> set type=CNAME
> google.es
Servidor:  google-public-dns-a.google.com
Address:  8.8.8.8

google.es
        primary name server = ns4.google.com
        responsible mail addr = dns-admin.google.com
        serial  = 124223550
        refresh = 900 (15 mins)
        retry   = 900 (15 mins)
        expire  = 1800 (30 mins)
        default TTL = 60 (1 min)
>
> 8.8.8.8
Servidor:  google-public-dns-a.google.com
Address:  8.8.8.8

*** google-public-dns-a.google.com no encuentra 8.8.8.8: Non-existent domain
```

Servidores Web, que permiten sondear: PING, TRACERT, TRACEROUTER, NSLOOKUP, TELNET, FTP, TFTP, PUERTOS,...
http://www.kloth.net/
http://dig-nslookup.nmonitoring.com
http://toolbox.googleapps.net/apps/dig
http://network-tools.com/nslook/
http://subnetonline.com/pages/subnet-cola
http://ping.eu/nslookup
http://mxtoolbox.com/SuperTool.aspx

g) Consulta por dirección IPv4.

```
>SET  TYPE=A
> google.es
```

```
> google.es
Servidor:  google-public-dns-a.google.com
Address:  8.8.8.8

Respuesta no autoritativa:
Nombre:  google.es
Address:  216.58.210.163
>google.com
> GOOGLE.COM
Servidor:  google-public-dns-a.google.com
Address:  8.8.8.8

Respuesta no autoritativa:
Nombre:  GOOGLE.COM
Address:  216.58.214.174
```

Lista más completa de los tipos más comunes de RR (Resource Record) que puede almacenar el DNS:

Number	RR	RFC	Description
1	A	RFC 1035	IPv4 Network address (Dirección de red IPv4)
2	NS	RFC 1035	Authoritative name server (Servidor de nombres)
5	CNAME	RFC 1035	Canonical alias name (Nombre canónico)
6	SOA	RFC 1035	Start of zone authority (Autoridad de la zona)
11	WKS	RFC 1035	Well-known service; obsoleto en favor de SRV
12	PTR	RFC 1035	Pointer to a domain name (Indicador). También conocido como registro inverso
15	MX	RFC 1035	Mail exchange record (Registro de intercambio de correo)
16	TXT	RFC 1035	Text record (Información textual)
17	RP	RFC 1183	Responsible person (Persona responsable)
18	AFSDB	RFC 1183	AFS-type services (BBDD registros AFS)
25	KEY	RFC 2535	IPSEC key (Clave para IPSEC)
28	AAAA	RFC 3596	IPv6 Network address (Dirección de red IPv6)
29	LOC	RFC 1876	Location (Localización). Permite indicar la localización geográfica del dominio
33	SRV	RFC 2872	Service locator (Servicios). Indica los servicios que ofrece el dominio
37	CERT	RFC 4398	Certificate record (Registro de certificados). Almacena PKIX, SPKI, PGP, ...
44	SSHFP	RFC 4255	SSH Public Key Fingerprint (Huella dactilar de la clave pública SSH)
48	DNSKEY	RFC 4034	DNS Key record (Clave de registro DNS). Registro de claves utilizadas en DNSSEC
49	DHCIP	RFC 4701	DHCP Identifier (Identificador DHCP). Se utiliza junto con la opción FQDN de DHCP
99	SPF	RFC 4408	Sender Policy Framework. Se utiliza para combatir el Spam

h) Consulta por dirección IPv6.
```
> SET TYPE=AAAA
> google.es
> google.es
Servidor:  google-public-dns-a.google.com
Address:  8.8.8.8

Respuesta no autoritativa:
Nombre:  google.es
Address:  2a00:1450:4003:808::2003
```

i) Consulta por dirección IPv4 e IPv6.
```
> set type=A+AAAA
> google.es
Servidor:  google-public-dns-a.google.com
Address:  8.8.8.8

Respuesta no autoritativa:
Nombre:  google.es
Addresses:  2a00:1450:4003:808::2003
            216.58.210.163
> 8.8.8.8
> 8.8.8.8
Servidor:  google-public-dns-a.google.com
Address:  8.8.8.8

Nombre:  google-public-dns-a.google.com
Address:  8.8.8.8
```

j) Consultar por un servidor de correo.
Los servidores de correo utilizan esta información para encontrar a dónde redirigir los emails enviados a una dirección particular.
```
> set  type=MX
> google.es
> google.es
Servidor:  google-public-dns-a.google.com
Address:  8.8.8.8

Respuesta no autoritativa:
google.es      MX preference = 40, mail exchanger = alt3.aspmx.l.google.com
google.es      MX preference = 50, mail exchanger = alt4.aspmx.l.google.com
google.es      MX preference = 20, mail exchanger = alt1.aspmx.l.google.com
google.es      MX preference = 10, mail exchanger = aspmx.l.google.com
google.es      MX preference = 30, mail exchanger = alt2.aspmx.l.google.com
```

k) Consultar por un servidor de correo. Se especifican parámetros del servidor.
```
> set type=hinfo
> google.es
Servidor:  google-public-dns-a.google.com
Address:  8.8.8.8

google.es
        primary name server = ns2.google.com
        responsible mail addr = dns-admin.google.com
        serial  = 124228910
        refresh = 900 (15 mins)
        retry   = 900 (15 mins)
        expire  = 1800 (30 mins)
         default TTL = 60 (1 min)
```

l) Consultar por un servidor por el inicio de autoridad de zona DNS.
>set type=soa
>**google.es**

m) Consultar por un servidor (Pointer), lo inverso al registro A. Realiza la traducción IP a nombres de host.
> **set type=PTR**
> **google.es**

n) Consultar por un servidor de toda la información que existe de los tipos.

```
> set type=ANY
> google.es
Servidor:  google-public-dns-a.google.com
Address:   8.8.8.8

Respuesta no autoritativa:
google.es       internet address = 216.58.210.163
google.es       AAAA IPv6 address = 2a00:1450:4003:808::2003
google.es
        primary name server = ns1.google.com
        responsible mail addr = dns-admin.google.com
        serial  = 124228910
        refresh = 900 (15 mins)
        retry   = 900 (15 mins)
        expire  = 1800 (30 mins)
        default TTL = 60 (1 min)
google.es       MX preference = 40, mail exchanger = alt3.aspmx.l.google.com
google.es       MX preference = 30, mail exchanger = alt2.aspmx.l.google.com
google.es       nameserver = ns1.google.com
google.es       nameserver = ns2.google.com
google.es       MX preference = 20, mail exchanger = alt1.aspmx.l.google.com
google.es       nameserver = ns3.google.com
google.es       MX preference = 10, mail exchanger = aspmx.l.google.com
google.es       text =

        "v=spf1 -all"
google.es       MX preference = 50, mail exchanger = alt4.aspmx.l.google.com
google.es       nameserver = ns4.google.com
```

PRÁCTICA 11: Tablas de enrutamientos. ROUTE

DESCRIPCIÓN:

La tabla de enrutamiento

La tabla de enrutamiento es una tabla de conexiones entre la dirección del equipo de destino y el nodo a través del cual el router debe enviar el mensaje, es necesario almacenar la dirección IP completa del equipo.

La tabla de enrutamiento contiene pares de direcciones IP.

En toda comunicación existe un Emisor y un Receptor, partimos del que envía y el que recibe pertenecen a la misma red, hablamos de **entrega directa**. Pero, si hay al menos un router entre el que envía y el recibe, hablamos de **entrega indirecta**.

En el caso de una entrega indirecta, la función del router y, en particular, la de la tabla de enrutamiento es muy importante. El funcionamiento de un router está determinado por el modo en el que se crea esta tabla de enrutamiento (estático o dinámico).

- El administrador introduce manualmente la tabla de enrutamiento, a esto se denomina **enrutamiento estático** (adecuado para redes pequeñas).
- El router construye sus propias tablas de enrutamiento, utilizando la información que recibe a través de los protocolos de enrutamiento, a esto se denomina **enrutamiento dinámico**.

Existen diferentes niveles de routers que funcionan con diferentes protocolos:

- **Routers de nodo**: son los routers principales que establecen la conexión entre diferentes redes.
- **Routers externos**: tienen la posibilidad de establecer la conexión a redes autónomas entre sí. Su Funcionamiento se basa en el protocolo denominado EGP (Protocolo de pasarela exterior).
- **Routers internos**: establece el enrutamiento de información dentro de una red autónoma. Intercambian información utilizando los protocolos denominados IGP (Protocolo de pasarela interior), como RIP y OSPF.

PASO 1: Visualizar tablas de rutas.

a) Visualizar las tablas de rutas.

```
C:\Windows\system32>ROUTE PRINT
===========================================================================
ILista de interfaces
 15...68 5d 43 e2 34 e ......Microsoft Wi-Fi Direct Virtual Adapter
  9...5c f9 dd 40 96 17 ......Hyper-V Virtual Ethernet Adapter
  7...68 5d 43 e2 34 ed ......Intel(R) Centrino(R) Wireless-N 2230
  6...68 5d 43 e2 34 f1 ......Bluetooth Device (Personal Area Network)
  1...........................Software Loopback Interface 1
  8...00 00 00 00 00 00 00 e0 Teredo Tunneling Pseudo-Interface
 14...00 00 00 00 00 00 00 e0 Microsoft ISATAP Adapter #5
===========================================================================

IPv4 Tabla de enrutamiento
===========================================================================
Rutas activas:
Destino de red        Máscara de red     Puerta de enlace   Interfaz    Métrica
        127.0.0.0        255.0.0.0         En vínculo       127.0.0.1      306
        127.0.0.1    255.255.255.255       En vínculo       127.0.0.1      306
  127.255.255.255    255.255.255.255       En vínculo       127.0.0.1      306
        224.0.0.0        240.0.0.0         En vínculo       127.0.0.1      306
  255.255.255.255    255.255.255.255       En vínculo       127.0.0.1      306
===========================================================================
Rutas persistentes:
  Dirección de red   Máscara de red   Dirección de puerta de enlace  Métrica
        0.0.0.0          0.0.0.0         192.168.2.100     Predeterminada
        0.0.0.0          0.0.0.0         192.168.1.1       Predeterminada
        0.0.0.0          0.0.0.0         192.168.2.100        256
        0.0.0.0          0.0.0.0         192.168.1.1          256
===========================================================================

IPv6 Tabla de enrutamiento
===========================================================================
Rutas activas:
 Cuando destino de red métrica      Puerta de enlace
  1     306 ::1/128                 En vínculo
  1     306 ff00::/8                En vínculo
===========================================================================
Rutas persistentes:
  Ninguno
```

b) Visualizar las tablas de enrutamiento en IPv4.

```
C:\Windows\system32>ROUTE PRINT -4
===========================================================================
ILista de interfaces
 12...00 15 5d 01 63 00 ......Adaptador de red de Microsoft Hyper-V
  1...........................Software Loopback Interface 1
 14...00 00 00 00 00 00 00 e0 Adaptador ISATAP de Microsoft #2
```

```
===============================================================================
IPv4 Tabla de enrutamiento
===============================================================================
Rutas activas:
Destino de red        Máscara de red     Puerta de enlace    Interfaz     Métrica
       127.0.0.0          255.0.0.0          En vínculo        127.0.0.1      306
       127.0.0.1    255.255.255.255          En vínculo        127.0.0.1      306
 127.255.255.255    255.255.255.255          En vínculo        127.0.0.1      306
       224.0.0.0          240.0.0.0          En vínculo        127.0.0.1      306
 255.255.255.255    255.255.255.255          En vínculo        127.0.0.1      306
===============================================================================
Rutas persistentes:
  Dirección de red   Máscara de red   Dirección de puerta de enlace  Métrica
          0.0.0.0          0.0.0.0         192.168.2.100    Predeterminada
===============================================================================
```

c) Borra las tablas de enrutamiento de todas las entradas de la puerta de enlace.
   ROUTE -F
```
C:\Windows\system32> ROUTE  -f
 Correcto

C:\Windows\system32> route print
===============================================================================
ILista de interfaces
 12...00 15 5d 01 63 00 ......Adaptador de red de Microsoft Hyper-V
  1...........................Software Loopback Interface 1
 14...00 00 00 00 00 00 e0 Adaptador ISATAP de Microsoft #2
===============================================================================

IPv4 Tabla de enrutamiento
===============================================================================
Rutas activas:
  Ninguno
Rutas persistentes:
  Ninguno

IPv6 Tabla de enrutamiento
===============================================================================
Rutas activas:
  Ninguno
Rutas persistentes:
  Ninguno
```

d) Añadir una ruta a la tabla de rutas.
   ROUTE ADD 192.168.2.50 MASK   255.255.255.0 192.168.2.100
   ROUTE ADD 192.168.2.50 MASK   255.255.255.0 192.168.2.100 METRIC 3 IF 0

PASO 2: Muestra y modifica datos de la tabla de traducción de direcciones IP a direcciones MAC (tabla ARP)

a) Visualizar la tabla ARP para cada uno de los interfaces.
```
       C:\Windows\system32>ARP -a

        Interfaz: 192.168.1.99 --- 0x9
          Dirección de Internet       Dirección física       Tipo
          192.168.1.255               ff-ff-ff-ff-ff-ff      estático
          192.168.2.91                00-10-b5-89-24-c2      dinámico
          192.168.2.100               dc-53-7c-60-58-5a      dinámico
          192.168.2.178               c8-08-e9-2f-ee-3c      dinámico
          224.0.0.2                   01-00-5e-00-00-02      estático
          224.0.0.22                  01-00-5e-00-00-16      estático
          224.0.0.113                 01-00-5e-00-00-71      estático
          224.0.0.251                 01-00-5e-00-00-fb      estático
          224.0.0.252                 01-00-5e-00-00-fc      estático
          239.255.255.250             01-00-5e-7f-ff-fa      estático
```

l) Igual que la opción a).
```
       C:\Windows\system32> ARP -g

        Interfaz: 192.168.1.99 --- 0x9
          Dirección de Internet       Dirección física       Tipo
          192.168.1.255               ff-ff-ff-ff-ff-ff      estático
          192.168.2.91                00-10-b5-89-24-c2      dinámico
          192.168.2.100               dc-53-7c-60-58-5a      dinámico
          192.168.2.178               c8-08-e9-2f-ee-3c      dinámico
          224.0.0.2                   01-00-5e-00-00-02      estático
          224.0.0.22                  01-00-5e-00-00-16      estático
          224.0.0.113                 01-00-5e-00-00-71      estático
          224.0.0.251                 01-00-5e-00-00-fb      estático
```

```
    224.0.0.252              01-00-5e-00-00-fc       estático
    239.255.255.250          01-00-5e-7f-ff-fa       estático
```

m) Añade una entrada específica a la tabla ARP, IP + MAC.
```
    C:\Windows\system32> ARP -s 145.5.2.2 00-00-01-aa-ff-aa

    C:\Windows\system32> ARP -a

    Interfaz: 192.168.1.99 --- 0x9
      Dirección de Internet      Dirección física      Tipo
      145.5.2.2                  00-00-01-aa-ff-aa     estático
      192.168.1.255              ff-ff-ff-ff-ff-ff     estático
      192.168.2.91               00-10-b5-89-24-c2     dinámico
      192.168.2.100              dc-53-7c-60-58-5a     dinámico
      192.168.2.178              c8-08-e9-2f-ee-3c     dinámico
      224.0.0.2                  01-00-5e-00-00-02     estático
      224.0.0.22                 01-00-5e-00-00-16     estático
      224.0.0.113                01-00-5e-00-00-71     estático
      224.0.0.251                01-00-5e-00-00-fb     estático
      224.0.0.252                01-00-5e-00-00-fc     estático
      239.255.255.250            01-00-5e-7f-ff-fa     estático
```

n) Elimina una entrada específica de la tabla ARP.
```
    C:\Windows\SYSVOL>ARP -D

    C:\Windows\SYSVOL>ARP -A

    Interfaz: 192.168.2.40 --- 0xc
      Dirección de Internet      Dirección física      Tipo
      224.0.0.22                 01-00-5e-00-00-16     estático
      224.0.1.24                 01-00-5e-00-01-18     estático
```

o) Visualizar de forma detalladas la información de modo detallado. Se mostrarán todas las entradas no válidas y las entradas en la interfaz de bucle invertido.
```
    C:\Windows\system32> arp  -g  -v

    Interfaz: 127.0.0.1 --- 0x1
      Dirección de Internet      Dirección física      Tipo
      127.0.0.1                                        estático
      224.0.0.2                                        estático
      224.0.0.22                                       estático
      224.0.0.252                                      estático
      239.255.255.250                                  estático

    Interfaz: 0.0.0.0 --- 0xffffffff
      Dirección de Internet      Dirección física      Tipo
      224.0.0.2                  01-00-5e-00-00-02     estático
      224.0.0.22                 01-00-5e-00-00-16     estático
      224.0.0.252                01-00-5e-00-00-fc     estático
      239.255.255.250            01-00-5e-7f-ff-fa     estático

    Interfaz: 192.168.1.34 --- 0x7
      Dirección de Internet      Dirección física      Tipo
      192.168.1.1                cc-1a-fa-59-a2-b8     dinámico
      192.168.1.34               00-00-00-00-00-00     no válido
      192.168.1.255              ff-ff-ff-ff-ff-ff     estático
      224.0.0.22                 01-00-5e-00-00-16     estático
      224.0.0.251                01-00-5e-00-00-fb     estático
      224.0.0.252                01-00-5e-00-00-fc     estático
      224.0.0.253                01-00-5e-00-00-fd     estático
      239.255.255.250            01-00-5e-7f-ff-fa     estático
      255.255.255.255            ff-ff-ff-ff-ff-ff     estático

    Interfaz: 0.0.0.0 --- 0xffffffff
      Dirección de Internet      Dirección física      Tipo
      192.168.1.1                00-00-00-00-00-00     no válido
      192.168.1.34               00-00-00-00-00-00     no válido
      192.168.2.100              00-00-00-00-00-00     no válido
      224.0.0.22                 01-00-5e-00-00-16     estático
      224.0.0.252                01-00-5e-00-00-fc     estático
      239.255.255.250            01-00-5e-7f-ff-fa     estático

    Interfaz: 0.0.0.0 --- 0xffffffff
      Dirección de Internet      Dirección física      Tipo
      224.0.0.22                 01-00-5e-00-00-16     estático
      224.0.0.252                01-00-5e-00-00-fc     estático
```

p) Muestra las entradas ARP para la interfaz de red especificada por if_addr.
```
    ARP -N   8.8.8.8
```

ANEXOS : Comandos de RED y AD DS

ARP
Muestra y modifica las tablas de conversión de direcciones IP en direcciones físicas que utiliza el protocolo de resolución de direcciones (ARP).

```
ARP -s inet_addr eth_addr [if_addr]
ARP -d inet_addr [if_addr]
ARP -a [inet_addr] [-N if_addr] [-v]
```

- **-a**   Pide los datos de protocolo actuales y muestra las entradas ARP actuales. Si se especifica inet_addr, solo se muestran las direcciones IP y física del equipo especificado.
                   Si existe más de una interfaz de red que utilice ARP, se muestran las entradas de cada tabla ARP.
- **-g**   Igual que -a.
- **-v**   Muestra las entradas actuales de ARP en modo detallado.
                   Se mostrarán todas las entradas no válidas y las entradas en la interfaz de bucle invertido.
- **inet_addr**   Especifica una dirección de Internet.
- **-N if_addr**   Muestra las entradas ARP para la interfaz de red especificada por if_addr.
- **-d**   Elimina el host especificado por inet_addr. inet_addr puede incluir el carácter comodín * (asterisco) para eliminar todos los host.
- **-s**   Agrega el host y asocia la dirección de Internet inet_addr con la dirección física eth_addr. La dirección física se indica como 6 bytes en formato hexadecimal, separados por guiones. La entrada es permanente.
- **eth_addr**   Especifica una dirección física.
- **if_addr**   Si está presente, especifica la dirección de Internet de la interfaz para la que se debe modificar la tabla de conversión de direcciones. Si no está presente, se utilizará la primera interfaz aplicable.

Ejemplo:
```
> arp -s 157.55.85.212   00-aa-00-62-c6-09 .... Agrega una entrada estática
> arp -a                                   .... Muestra la tabla ARP
```

ICACLS
ICACLS nombre /save archivoACL [/T] [/C] [/L] [/Q]
  Almacena las **DACL** para los archivos y carpetas cuyos nombres coinciden en archivoACL para su uso posterior con /restore. Tenga en cuenta que no se guardan las SACL, el propietario ni las etiquetas de identidad.
    ICACLS directorio [/substitute SidOld SidNew [...]] /restore archivoACL [/C] [/L] [/Q]
  Aplica las DACL almacenadas a los archivos del directorio.
    ICACLS nombre /setowner usuario [/T] [/C] [/L] [/Q]
  Cambia el propietario de todos los nombres coincidentes. Esta opción no fuerza un cambio de propiedad; use la utilidad takeown.exe con esta finalidad.
  Onombre /findsid Sid [/T] [/C] [/L] [/Q]
  Busca todos los nombres coincidentes que contienen una ACL que menciona el SID de forma explícita.
  ICACLS nombre /verify [/T] [/C] [/L] [/Q]
  Busca todos los archivos cuya ACL no está en formato canónico o cuyas longitudes no son coherentes con los recuentos de la ACE.
  ICACLS nombre /reset [/T] [/C] [/L] [/Q]
  Reemplaza las ACL con ACL heredadas predeterminadas para todos los archivos coincidentes.
    ICACLS nombre [/grant[:r] Sid:perm[...]] [/deny Sid:perm [...]]   [/remove[:g|:d]] Sid[...]] [/T] [/C] [/L] [/Q] [/setintegritylevel Level:policy[...]]
  /grant[:r] Sid:perm concede los derechos de acceso al usuario especificado. Con :r, los permisos reemplazan cualquier permiso explícito concedido anteriormente. Sin :r, los permisos se agregan a cualquier permiso explícito concedido anteriormente.
  /deny Sid:perm deniega de forma explícita los derechos de acceso al usuario especificado. Se agrega una ACE de denegación explícita para los permisos indicados y se quitan los mismos permisos de cualquier concesión explícita.
  /remove[:[g|d]] Sid quita todas las repeticiones del SID en la ACL.
          :g, quita todas las repeticiones de derechos concedidos a ese SID.
          :d, quita todas las repeticiones de derechos denegados a ese SID.
  /setintegritylevel [(CI)(OI)] nivel agrega de forma explícita una ACE de integridad a todos los archivos coincidentes. El nivel se debe especificar como:
          L[ow]   Para bajo
          M[edium]   Para medio
          H[igh]   Para alto
  Las opciones de herencia para la ACE de integridad pueden preceder al nivel y se aplican solo a los directorios.
  /inheritance:e|d|r
      e   habilita la herencia
      d   deshabilita la herencia y copia las ACE
      r   quita todas las ACE heredadas

Nota:
  Los SID pueden tener un formato numérico o de nombre descriptivo. Si se da un formato numérico, agregue un asterisco (*) al principio del SID.
  /T indica que esta operación se realiza en todos los archivos o directorios coincidentes bajo los directorios especificados en el nombre.
  /C indica que esta operación continuará en todos los errores de archivo. Se seguirán mostrando los mensajes de error.
  /L indica que esta operación se realiza en el vínculo simbólico en sí en lugar de en su destino.

/Q indica que icacls debe suprimir los mensajes de que las operaciones se realizaron correctamente.
ICACLS conserva el orden canónico de las entradas ACE:
        Denegaciones explícitas
        Concesiones explícitas
        Denegaciones heredadas
        Concesiones heredadas
perm es una máscara de permiso que puede especificarse de dos formas:
    Una secuencia de derechos simples:
        N - sin acceso
        F - acceso total
        M - acceso de modificación
        RX - acceso de lectura y ejecución
        R - acceso de solo lectura
        W - acceso de solo escritura
        D - acceso de eliminación
    Una lista separada por comas entre paréntesis de derechos específicos:
        DE - eliminar
        RC - control de lectura
        WDAC - escribir DAC
        WO - escribir propietario
        S - sincronizar
        AS - acceso al sistema de seguridad
        MA - máximo permitido
        GR - lectura genérica
        GW - escritura genérica
        GE - ejecución genérica
        GA - todo genérico
        RD - leer datos/lista de directorio
        WD - escribir datos/agregar archivo
        AD - anexar datos/agregar subdirectorio
        REA - leer atributos extendidos
        WEA - escribir atributos extendidos
        X - ejecutar/atravesar
        DC - eliminar secundario
        RA - leer atributos
        WA - escribir atributos
    Los derechos de herencia pueden preceder a cualquier forma y se aplican solo a directorios:
        (OI) - herencia de objeto
        (CI) - herencia de contenedor
        (IO) - solo herencia
        (NP) - no propagar herencia
        (I) - permiso heredado del contenedor principal

<u>Ejemplos:</u>
   Guardará todas las ACL para todos los archivos en c:\windows y sus subdirectorios en archivoACL.
      icacls c:\windows* /save archivoACL /T
   Restaurará todas las ACL para cada archivo dentro de archivoACL que exista en c:\windows y sus subdirectorios.
      icacls c:\windows\ /restore archivoACL
   Concederá al usuario permisos de administrador para eliminar y escribir DAC en el archivo.
      icacls file /grant Administrador:(D,WDAC)
   Concederá al usuario definido por el SID S-1-1-0 permisos para eliminar y escribir DAC en el archivo.
      icacls file /grant *S-1-1-0:(D,WDAC)

DSACLS
   Muestra o modifica permisos (ACLs) de un objeto de Servicios de dominio de Active Directory (AD DS)

```
DSACLS object [/I:TSP] [/N] [/P:YN] [/G <grupo/usuario>:<permisos> [...]]
              [/R <grupo/usuario> [...]] [/D <grupo/usuario>:<permisos> [...]]
              [/S] [/T] [/A] [/resetDefaultDACL] [/resetDefaultSACL]
              [/takeOwnership] [/user:<usuario>] [/passwd:<contraseña> | *]
              [/simple]
```

   object   Ruta de acceso al objeto de AD DS para el que van a mostrarse o manipularse ACLs.

   La ruta es el nombre en formato RFC 1779, como en
     CN=Juan García,OU=Software,OU=Engineering,DC=Widget,DC=com
   Un objeto de AD DS específico puede denotarse anteponiendo \\servidor[:puerto]\ al objeto, como en
     \\ADSERVER\CN=Juan García,OU=Software,OU=Engineering,DC=Widget,DC=US
   sin opciones   Muestra la seguridad en el objeto.

     /I   Marcas de herencia:
                T: este objeto y subobjetos
                S: solo subobjetos
                P: propagar los permisos heredables un solo nivel
     /N   Reemplaza el acceso actual en el objeto, en lugar de editarlo.
     /P   Marcar el objeto como protegido:
                Y: Sí
                N: No
                Si no está presente la opción /P, se mantiene la marca de protección actual.
 /G <grupo/usuario>:<permisos>
                Conceder los permisos especificados al grupo (o usuario) especificado.

	Consulte debajo el formato de <grupo/usuario> y <permisos>
/D <grupo/usuario>:<permisos>	
	Denegar los permisos especificados al grupo (o usuario) especificado. Consulte debajo el formato de <grupo/usuario> y <permisos>
/R <grupo/usuario>	
	Quitar todos los permisos del grupo (o usuario) especificado. Consulte debajo el formato de <grupo/usuario>
/S	Restaurar la seguridad en el objeto al valor predeterminado para esa clase de objeto tal y como se define en el esquema de AD DS. Esta opción funciona cuando el objeto DSACLS está enlazado a NTDS. Para restaurar la ACL predeterminada de un objeto en AD LDS, use las opciones /resetDefaultDACL y /resetDefaultSACL.
/T	Restaurar la seguridad en el árbol de objetos al valor predeterminado para esa clase de objeto. Este modificador solo es válido con la opción /S.
/A	Al mostrar la seguridad en un objeto de AD DS, mostrar la información de auditoría así como los permisos y la información de propiedad.
/resetDefaultDACL	Restaurar la DACL en el objeto al valor predeterminado para esa clase de objeto tal y como se define en el esquema de AD DS.
/resetDefaultSACL	Restaurar la SACL en el objeto al valor predeterminado para esa clase de objeto tal y como se define en el esquema de AD DS.
/takeOwnership	Tomar posesión del objeto.
/domain:<dominio>	Conectarse al servidor LDAP con esta cuenta de dominio del usuario.
/user:<usuario>	Conectarse al servidor LDAP con este nombre de usuario. Si no se usa esta opción, el objeto DSACLS se enlazará como el usuario con sesión iniciada, usando SSPI.
/passwd:<contraseña> | *	Contraseña para la cuenta de usuario.
/simple	Enlazarse al servidor mediante un enlace LDAP simple. Tenga en cuenta que la contraseña no cifrada se enviará a través de la red.
<usuario/grupo>	debe estar en uno de estos formatos: **grupo@dominio o dominio\grupo** **usuario@dominio o dominio\usuario** FQDN del usuario o grupo SID de cadena

<permisos> debe estar en uno de estos formatos:

[Bits de permiso];[Objeto/Propiedad];[Tipo de objeto heredado]

Los bits de permiso pueden tener los siguientes valores concatenados:

Permisos genéricos
- **GR** Lectura genérica
- **GE** Ejecución genérica
- **GW** Escritura genérica
- **GA** Todo genérico

Permisos específicos
- **SD** Eliminar
- **DT** Eliminar un objeto y todos sus objetos secundarios
- **RC** Leer información de seguridad
- **WD** Cambiar información de seguridad
- **WO** Cambiar información de propietario
- **LC** Enumerar los objetos secundarios de un objeto
- **CC** Crear objeto secundario
- **DC** Eliminar un objeto secundario

  Para estos dos permisos, si no se especifica [Objeto/Propiedad] para definir un tipo de objeto secundario específico, se aplican a todos los tipos de objetos secundarios; de lo contrario, se aplican a ese tipo de objeto secundario específico.

- **WS** Escribir en el propio objeto (que también se denomina Escritura validada).

  Existen 3 tipos de escrituras validadas:
  Propia pertenencia (bf9679c0-0de6-11d0-a285-00aa003049e2) aplicada a un objeto de grupo. Permite actualizar la pertenencia de un grupo en términos de agregar o quitar en su propia cuenta.
  Ejemplo: (WS; bf9679c0-0de6-11d0-a285-00aa003049e2; AU) aplicada al grupo X, permite que un usuario autenticado se agregue o se quite a sí mismo en el grupo X, pero no a nadie más.
  Nombre de host DNS validado(72e39547-7b18-11d1-adef-00c04fd8d5cd) aplicada a un objeto de equipo. Permite actualizar el atributo de nombre de host DNS compatible con el nombre de equipo y el nombre de dominio.
  SPN validado (f3a64788-5306-11d1-a9c5-0000f80367c1) aplicada a un objeto de equipo. Permite actualizar el atributo SPN compatible con el nombre de host DNS del equipo.

- **WP** Propiedad de escritura.
- **RP** Propiedad de lectura.

  Para estos dos permisos, si no se especifica [Objeto/Propiedad] para definir una propiedad específica, se aplican a todas las propiedades del objeto; de lo contrario, se aplican a esa propiedad específica del objeto.

- **CA** Control de derecho de acceso.

  Para este permiso, si no se especifica [Objeto/Propiedad] para definir el "derecho extendido" específico para el control de acceso, se aplica a todos los controles de acceso significativos en el objeto; de lo contrario, se aplica al derecho extendido específico para dicho objeto.

- **LO** Mostrar el acceso del objeto. Puede usarse para conceder acceso de lista a un objeto específico si no se conceden objetos secundarios de lista (LC) al objeto primario, y puede denegarse en objetos específicos para ocultar esos objetos si el usuario/grupo tiene un LC en el objeto primario.

NOTA: AD DS no aplica este permiso de forma predeterminada;debe configurarse para iniciar la comprobación de este permiso.

[Objeto/Propiedad] debe ser el nombre para mostrar del tipo de objeto o de la propiedad.

Por ejemplo, "usuario" es el nombre para mostrar de objetos de usuario y "número de teléfono" el de la propiedad de número de teléfono.

[Tipo de objeto heredado] debe ser el nombre para mostrar del tipo de objeto al que deben heredarse los permisos. Los permisos deben ser de tipo Solo heredar.

NOTA: Solo puede usarse al definir permisos específicos de objetos que reemplacen a los permisos predeterminados definidos en el esquema de AD DS para ese tipo de objeto. Tenga precaución a la hora de usar los permisos específicos de objetos y úselos únicamente si los entiende.

A continuación, se muestran ejemplos de un <permiso> válido:

SDRCWDWO;;usuario

significa: permisos Eliminar, Leer información de seguridad, Cambiar información de seguridad y Cambiar información de propietario en objetos de tipo "usuario".

CCDC;grupo;

significa: permisos Crear objeto secundario y Eliminar objeto secundario para crear o eliminar objetos de grupo de tipo.

RPWP;número de teléfono;

significa: permisos Propiedad de lectura y Propiedad de escritura en la propiedad de número de teléfono.

DSGET

Los comandos de esta herramienta muestran las propiedades seleccionadas de un objeto específico en el directorio:

Los comandos de dsget:

dsget computer	Muestra las propiedades de los equipos en el directorio.
dsget contact	Muestra las propiedades de los contactos en el directorio.
dsget subnet	Muestra las propiedades de las subredes en el directorio.
dsget group	Muestra las propiedades de los grupos en el directorio.
dsget ou	Muestra las propiedades de las unidades organizativas en el directorio.
dsget server	Muestra las propiedades de los servidores en el directorio.
dsget site	Muestra las propiedades de los sitios en el directorio.
dsget user	Muestra las propiedades de los usuarios en el directorio.
dsget quota	Muestra las propiedades de las cuotas en el directorio.
dsget partition	Muestra las propiedades de las particiones en el directorio.

Para mostrar un conjunto arbitrario de atributos de cualquier objeto en el directorio use el comando dsquery * (vea los ejemplos abajo).

Para obtener ayuda sobre un comando específico, escriba "dsget <TipoObjeto> /?" donde <TipoObjeto> es uno de los tipos de objeto compatibles mostrados más arriba. Por ejemplo, dsget ou /?.

Notas:

Los comandos dsget le ayudarán a ver las propiedades de un objeto específico en el directorio: la entrada para dsget es un objeto y la salida es una lista de propiedades de ese objeto. Para buscar todos los objetos que cumplen un criterio de búsqueda concreto, use los comandos de dsquery (dsquery /?).

Los comandos dsget son compatibles con la canalización de entrada para permitir canalizar los resultados desde los comandos dsquery como entrada para los comandos dsget y mostrar información detallada sobre los objetos que encuentren los comandos dsquery.

Las comas que no se usen como separadores en los nombres distintivos deben ir acompañadas de barras diagonales inversas ("\"), (por ejemplo, "CN=Company\, Inc.,CN=Users,DC=microsoft,DC=com").

Las barras diagonales inversas que se usen en los nombres distintivos también deben escaparse con una barra diagonal inversa, (por ejemplo, "CN=Sales\\ Latin America,OU=Distribution Lists,DC=microsoft,DC=com").

Ejemplos:

Para encontrar todos los usuarios cuyo nombre empieza por "John" y mostrar el número de su oficina:

dsquery user -name John* | dsget user -office

Para mostrar los atributos de nombre de cuenta SAM (sAMAccountName), nombre principal de usuario (userPrincipalName) y el departamento del objeto cuyo nombre distintivo (DN) ou=Test,dc=microsoft,dc=com:

dsquery * ou=Test,dc=microsoft,dc=com -scope base -attr sAMAccountName userPrincipalName department

Para leer todos los atributos de cualquier objeto, use el comando dsquery *.

Por ejemplo, para leer todos los atributos cuyo DN es ou=Test,dc=microsoft,dc=com:

dsquery * ou=Test,dc=microsoft,dc=com -scope base -attr *

Ayuda de las herramientas de la línea de comandos de Servicio de directorio:

dsadd /?	- ayuda para agregar objetos.
dsget /?	- ayuda para mostrar objetos.
dsmod /?	- ayuda para modificar objetos.
dsmove /?	- ayuda para mover objetos.
dsquery /?	- ayuda para buscar objetos que cumplan los criterios de búsqueda.
dsrm /?	- ayuda para eliminar objetos.

DSQUERY

El conjunto de comandos de esta herramienta le permite consultar el directorio de acuerdo con los criterios especificados. Cada uno de los siguientes comandos de dsquery busca objetos de un tipo específico, excepto dsquery *, que puede consultar cualquier tipo de objetos.

dsquery computer	Busca equipos en el directorio.
dsquery contact	Busca contactos en el directorio.

```
dsquery subnet      Busca subredes en el directorio.
dsquery group       Busca grupos en el directorio.
dsquery ou          Busca unidades organizativas en el directorio.
dsquery site        Busca sitios en el directorio.
dsquery server      Busca instancias de DC/LDS de Active Directory en el directorio.
dsquery user        Busca usuarios en el directorio.
dsquery quota       Busca especificaciones de cuota en el directorio.
dsquery partition   Busca particiones en el directorio.
dsquery *           Busca cualquier objeto en el directorio con una consulta genérica de LDAP.
```

Para obtener ayuda sobre un comando específico, escriba "dsquery <tipoObjeto>/?", donde <tipoObjeto> es uno de los tipos de objeto compatibles mostrados más arriba. Por ejemplo, dsquery ou /?.

Notas:
Los comandos dsquery le ayudarán a buscar objetos en el directorio que cumplan un criterio específico de búsqueda: la entrada para dsquery es un criterio de búsqueda y la salida es una lista de objetos que coinciden con la búsqueda. Para obtener las propiedades de un objeto específico, use los comandos dsget (dsget /?).
Los resultados de un comando dsquery se pueden canalizar como entrada a otra de las herramientas de la línea de comandos del Servicio de directorio, como dsmod, dsget, dsrm o dsmove.
Las comas que no se usen como separadores en los nombres distintivos deben ir acompañadas de barras diagonales inversas ("\"), (por ejemplo, "CN=Company\, Inc.,CN=Users,DC=microsoft,DC=com").
Las barras diagonales inversas que se usen en los nombres distintivos también deben escaparse con una barra diagonal inversa, (por ejemplo,"CN=Sales\\ Latin America,OU=Distribution Lists,DC=microsoft,DC=com").

Ejemplos:
Para buscar todos los equipos que han estado inactivos durante las cuatro últimas semanas y quitarlos del directorio:
       dsquery computer -inactive 4 | dsrm
Para encontrar todos los usuarios en la unidad organizativa "ou=Marketing,dc=microsoft,dc=com" y agregarlos al grupo Personal de marketing:
       dsquery user ou=Marketing,dc=microsoft,dc=com | dsmod group
       "cn=Personal de marketing,ou=Marketing,dc=microsoft,dc=com" -addmbr
Para encontrar todos los usuarios cuyo nombre empieza por "John" y mostrar el número de su oficina:
       dsquery user -name John* | dsget user -office
Para mostrar un conjunto arbitrario de atributos de cualquier objeto en el directorio use el comando dsquery *. Por ejemplo, para mostrar los atributos de nombre de cuenta SAM (sAMAccountName), nombre principal del usuario (userPrincipalName) y el departamento del objeto cuyo nombre completo (DN) ou=Test,dc=microsoft,dc=com:

DSQUERY COMPUTER /?
Busca equipos en el directorio que cumplan los criterios de búsqueda especificados.

Sintaxis: dsquery computer [{<nodoInicio> | forestroot | domainroot}][-o {dn | rdn | samid}] [-scope {subtree | onelevel | base}][-name <nombre>] [-desc <descripción>] [-samid <nombreSAM>] [-inactive <númSemanas>] [-stalepwd <númDías>] [-disabled] [{-s <servidor> | -d <dominio>}] [-u <nombreUsuario>][-p {<contraseña> | *}] [-q] [-gc] [-limit <númObjetos>] [{-uc | -uco | -uci}]

Parámetros:

Valor	Descripción
{<nodoInicio> | forestroot | domainroot}	Nodo en el que empezará la búsqueda: raíz de bosque, raíz de dominio o el nodo cuyo DN es <nodoInicio>. Puede ser "forestroot", "domainroot" o un DN de objeto. Si se especifica "forestroot" se hará la búsqueda a través del catálogo global. Predeterminado: domainroot.
-o {dn | rdn | samid}	Especifica el formato de salida. Predeterminado: nombre distintivo (DN).
-scope {subtree | onelevel | base}	Especifica el ámbito de la búsqueda: subárbol con raíz en el nodo de inicio (subtree); solo secundarios inmediatos del nodo de inicio (onelevel); el objeto base representado por el nodo de inicio (base). Tenga en cuenta que estos ámbitos de subárbol y dominio son los mismos para cualquier nodo de inicio a no ser que el nodo de inicio represente una raíz de dominio. Si se especifica forestroot como <nodoInicio>, subtree es el único ámbito válido. Predeterminado: subtree.
-name <nombre>	Busca equipos cuyo nombre coincide con el valor dado en <nombre>, por ejemplo, "jon*" o "*ith" o "j*th".
-desc <descripción>	Busca equipos cuya descripción coincide con el valor dado en <descripción>, por ejemplo, "jon*" o "*ith" o "j*th".
-samid <nombreSAM>	Busca equipos cuya cuenta SAM coincide con el filtro dado en <nombreSAM>.
-inactive <númSemanas>	Busca equipos que estuvieron inactivos durante las últimas <númSemanas> semanas.
-stalepwd <númDías>	Busca equipos que no cambiaron sus contraseñas durante al menos los últimos <númDías> días.
-disabled	Busca equipos con cuentas deshabilitadas.{-s <servidor> | -d <dominio>}
-s <servidor>	se conecta a la instancia de DC/LDS de Active Directory nombre <servidor>.
-d <dominio>	se conecta a un controlador de dominio de Active Directory en el dominio <dominio>. Predeterminado: un controlador de dominio de Active Directory en el dominio de inicio de sesión.
-u <nombreUsuario>	Conectarse como <nombreUsuario>. Predeterminado: el usuario con la sesión iniciada. El nombre de usuario puede ser: nombre de usuario, dominio\nombre de usuario o nombre principal de usuario (UPN).
-p {<contraseña> | *}	Contraseña del usuario <nombreUsuario>. Si se especifica *, se pedirá la contraseña.
-q	Modo silencioso: la única salida es la estándar.
-gc	Buscar en el catálogo global de los Servicios de dominio de Active Directory.

```
-limit <númObjetos>    Especifica el número de objetos que se devolverán de los que coincidan con los cri-
                       terios dados, donde <númObjetos> es el número de objetos que se devolverán.
                       Si el valor de <númObjetos> es 0, se devolverán todos los objetos que coincidan.
                       Si no se especifica este parámetro, se mostrarán los 100 primeros resultados de
                       forma predeterminada.
{-uc | -uco | -uci}  -uc  Especifica que la entrada desde o la salida hacia la canalización tiene formato
                          Unicode.
                     -uco Especifica que la salida hacia la canalización o el archivo tiene formato Uni-
                          code.
                     -uci Especifica que la entrada desde la canalización o el archivo tiene formato Uni-
                          code.
```

<u>Ejemplos:</u>
Para buscar todos los equipos en el dominio actual cuyo nombre empieza con "ms", su descripción empieza con "escritorio" y mostrar sus nombres distintivos (DN):
   dsquery computer domainroot -name ms* -desc escritorio*
Para buscar todos los equipos en la unidad organizativa dada en ou=sales,dc=microsoft,dc=com y mostrar sus nombres distintivos (DN):
   dsquery computer ou=sales,dc=microsoft,dc=com

DSQUERY CONTACT /?

Descripción: busca contactos que coincidan con ciertos criterios.

```
Sintaxis:   dsquery contact [{<nodoInicio> | forestroot | domainroot}][-o {dn | rdn | samid}]
               [-scope {subtree | onelevel | base}][-name <nombre>] [-desc <descripción>]
               [{-s <servidor> | -d <dominio>}] [-u <nombreUsuario>][-p {<contraseña> | *}] [-q] [-gc]
               [-limit <númObjetos>] [{-uc | -uco | -uci}]
```

Parámetros:
```
Valor                    Descripción
{<nodoInicio> | forestroot | domainroot}
                         Nodo en el que empezará la búsqueda:
                         raíz de bosque, raíz de dominio o el nodo cuyo DN es <nodoInicio>.
                         Puede ser "forestroot", "domainroot" o un DN de objeto.
                         Si se especifica "forestroot" se hará la búsqueda a través del catálogo global. Pre-
                         determinado: domainroot.
-o {dn | rdn}            Especifica el formato de salida. Predeterminado: nombre distintivo (DN).
-scope {subtree | onelevel | base}
                         Especifica el ámbito de la búsqueda: subárbol con raíz en el nodo de inicio (sub-
                         tree); solo secundarios inmediatos del nodo de inicio (onelevel); el objeto base re-
                         presentado por el nodo de inicio (base).
                         Tenga en cuenta que estos ámbitos de subárbol y dominio son los mismos para cual-
                         quier nodo de inicio a no ser que el nodo de inicio represente una raíz de dominio.
                         Si se especifica forestroot como <nodoInicio>, subtree es el único ámbito válido.
                         Predeterminado: subtree.
-name <nombre>           Busca todos los contactos cuyo nombre coincide con el filtro dado en <nombre>, por
                         ejemplo, "jon*" o *ith" o "j*th".
-desc <descripción>      Busca contactos cuya descripción coincide con el valor dado en <descripción>, por
                         ejemplo, "corp*" o *branch" o "j*th".
{-s <servidor> | -d <dominio>}
                         -s <servidor> se conecta a la instancia de DC/LDS de Active Directory nombre <servi-
                         dor>.
                         -d <dominio> se conecta a un controlador de dominio de Active Directory en el dominio
                         <dominio>.
                         Predeterminado: un controlador de dominio de Active Directory en el dominio de
                         inicio de sesión.
-u <nombreUsuario>       Conectarse como <nombreUsuario>. Predeterminado: el usuario con la sesión iniciada.
                         El nombre de usuario puede ser: nombre de usuario, dominio\nombre de usuario o nombre
                         principal de usuario (UPN).
-p {<contraseña> | * }
                         Contraseña del usuario <nombreUsuario>. Si se especifica *, se pedirá la contraseña.
-q                       Modo silencioso: la única salida es la estándar.
-gc                      Buscar en el catálogo global de los Servicios de dominio de Active Directory.
-limit <númObjetos>      Especifica el número de objetos que se devolverán de los que coincidan con los cri-
                         terios dados, donde <númObjetos> es el número de objetos que se devolverán.
                         Si el valor de <númObjetos> es 0, se devolverán todos los objetos que coincidan. Si
                         no se especifica este parámetro, se mostrarán los 100 primeros resultados de forma
                         predeterminada.
{-uc | -uco | -uci}  -uc Especifica que la entrada desde o la salida hacia la canalización tiene formato
                         Unicode.
                     -uco Especifica que la salida hacia la canalización o el archivo tiene formato Unico-
                         de.
                     -uci Especifica que la entrada desde la canalización o el archivo tiene formato Unico-
                         de.
```

DSQUERY SUBNET /?

Busca las subredes en el directorio que coincidan con los criterios dados.

```
Sintaxis:   dsquery subnet [-o {dn | rdn}] [-name <nombre>] [-desc <descripción>] [-loc <ubicación>] [-
site <nombreSitio>]
               [{-s <servidor> | -d <dominio>}] [-u <nombreUsuario>] [-p {<contraseña> | *}] [-q] [-gc] [-
limit <númObjetos>] [{-uc | -uco | -uci}]
```

Parámetros:

Valor	Descripción
-o {dn | rdn}	Especifica el formato de salida. Predeterminado: nombre distintivo (DN).
-name <nombre>	Busca subredes cuyo nombre coincide con el valor dado en <nombre>, por ejemplo, "10.23.*" o "12.2.*".
-desc <descripción>	Busca subredes cuya descripción coincide con el valor.
-site <nombreSitio>	Busca subredes que forman parte del sitio <nombreSitio>.
{-s <servidor> | -d <dominio>}	-s <servidor> se conecta a la instancia de DC/LDS de Active Directory nombre <servidor>.
	-d <dominio> se conecta a un controlador de dominio de Active Directory en el dominio <dominio>.
	Predeterminado: un controlador de dominio de Active Directory en el dominio de inicio de sesión.
-u <nombreUsuario>	Conectarse como <nombreUsuario>. Predeterminado: el usuario con la sesión iniciada. El nombre de usuario puede ser: nombre de usuario, dominio\nombre de usuario o nombre principal de usuario (UPN).
-p {<contraseña> | *}	Contraseña del usuario <nombreUsuario>. Si se especifica *, se pedirá la contraseña.
-q	Modo silencioso: la única salida es la estándar.
-gc	Buscar en el catálogo global de los Servicios de dominio de Active Directory.
-limit <númObjetos>	Especifica el número de objetos que se devolverán de los que coincidan con los criterios dados, donde <númObjetos> es el número de objetos que se devolverán. Si el valor de <númObjetos> es 0, se devolverán todos los objetos que coincidan. Si no se especifica este parámetro, se mostrarán los 100 primeros resultados de forma predeterminada.
{-uc | -uco | -uci}	-uc Especifica que la entrada desde o la salida hacia la canalización tiene formato Unicode.
	-uco Especifica que la salida hacia la canalización o el archivo tiene formato Unicode.
	-uci Especifica que la entrada desde la canalización o el archivo tiene formato Unicode.

Notas:

Los comandos dsquery le ayudarán a buscar objetos en el directorio que cumplan un criterio específico de búsqueda: la entrada para dsquery es un criterio de búsqueda y la salida es una lista de objetos que coinciden con la búsqueda. Para obtener las propiedades de un objeto específico, use los comandos dsget (dsget /?).

Si uno de los valores que proporciona contiene espacios, use comillas alrededor del texto (por ejemplo, "CN=Juan García,CN=Users,DC=microsoft,DC=com").

Si proporciona varios valores, éstos deberán estar separados por espacios (por ejemplo, una lista de nombres distintivos).

Ejemplos:

Para buscar todas las subredes cuya dirección IP de red empiece por 123.12:
    dsquery subnet -name 123.12.*

Para buscar todas las subredes en el sitio cuyo nombre es "Latinoamérica" y mostrar sus nombres como nombres distintivos relativos (RDN):
    dsquery subnet -o rdn -site Latinoamérica

Para mostrar los nombres distintivos relativos (RDN) de todas las subredes definidas en el directorio:
    dsquery subnet -o rdn

DSQUERY GROUP /?

Busca los grupos en el directorio que coincidan con ciertos criterios.

Sintaxis: dsquery group [{<nodoInicio> | forestroot | domainroot}] [-o {dn | rdn | samid}]
    [-scope {subtree | onelevel | base}] [-name <nombre>] [-desc <descripción>]
    [-samid <nombreSAM>] [{-s <servidor> | -d <dominio>}] [-u <nombreUsuario>]
    [-p {<contraseña> | *}] [-q] [-gc] [-limit <númObjetos>] [{-uc | -uco | -uci}]

Parámetros:

Valor	Descripción
{<nodoInicio> | forestroot | domainroot}	Nodo en el que empezará la búsqueda: raíz de bosque, raíz de dominio o el nodo cuyo DN es <nodoInicio>.
	Puede ser "forestroot", "domainroot" o un DN de objeto. Si se especifica "forestroot" se hará la búsqueda a través del catálogo global. Predeterminado: domainroot.
-o {dn | rdn | samid}	Especifica el formato de salida. Predeterminado: nombre distintivo (DN).
-scope {subtree | onelevel | base}	Especifica el ámbito de la búsqueda: subárbol con raíz en el nodo de inicio (subtree); solo secundarios inmediatos del nodo de inicio (onelevel); el objeto base representado por el nodo de inicio (base).
	Tenga en cuenta que estos ámbitos de subárbol y dominio son los mismos para cualquier nodo de inicio a no ser que el nodo de inicio represente una raíz de dominio.
	Si se especifica forestroot como <nodoInicio>, subtree es el único ámbito válido. Predeterminado: subtree.
-name <nombre>	Busca grupos cuyo nombre coincide con el valor dado en <nombre>, por ejemplo, "jon*" o "*ith" o "j*th".
-desc <descripción>	Busca grupos cuya descripción coincide con el valor dado en <descripción>, por ejemplo, "jon*" o "*ith" o "j*th".

-samid <nombreSAM>		Busca grupos cuya cuenta SAM coincide con el valor dado en <nombreSAM>.
{-s <servidor> | -d <dominio>}		
	-s <servidor>	se conecta a la instancia de DC/LDS de Active Directory nombre <servidor>.
	-d <dominio>	se conecta a un controlador de dominio de Active Directory en el dominio <dominio>.
		Predeterminado: un controlador de dominio de Active Directory en el dominio de inicio de sesión.
-u <nombreUsuario>		Conectarse como <nombreUsuario>. Predeterminado: el usuario con la sesión iniciada.
		El nombre de usuario puede ser: nombre de usuario, dominio\nombre de usuario o nombre principal de usuario (UPN).
-p {<contraseña> | *}		Contraseña del usuario <nombreUsuario>. Si se especifica *, se pedirá la contraseña.
-q		Modo silencioso: la única salida es la estándar.
-gc		Buscar en el catálogo global de los Servicios de dominio de Active Directory.
-limit <númObjetos>		Especifica el número de objetos que se devolverán de los que coincidan con los criterios dados, donde <númObjetos> es el número de objetos que se devolverán. Si el valor de <númObjetos> es 0, se devolverán todos los objetos que coincidan. Si no se especifica este parámetro, se mostrarán los 100 primeros resultados de forma predeterminada.
{-uc | -uco | -uci}	-uc	Especifica que la entrada desde o la salida hacia la canalización tiene formato Unicode.
	-uco	Especifica que la salida hacia la canalización o el archivo tiene formato Unicode.
	-uci	Especifica que la entrada desde la canalización o el archivo tiene formato Unicode.

Notas:
Los comandos dsquery le ayudarán a buscar objetos en el directorio que cumplan un criterio específico de búsqueda: la entrada para dsquery es un criterio de búsqueda y la salida es una lista de objetos que coinciden con la búsqueda. Para obtener las propiedades de un objeto específico, use los comandos dsget (dsget /?).
Si uno de los valores que proporciona contiene espacios, use comillas alrededor del texto (por ejemplo, **"CN=Juan García,CN=Users,DC=microsoft,DC=com"**).
Si proporciona varios valores, éstos deberán estar separados por espacios (por ejemplo, una lista de nombres distintivos).

Ejemplos:
Para encontrar todos los grupos en el dominio actual cuyo nombre empieza con "ms", su descripción empieza con "admin" y mostrar sus nombres completos (DN):
   dsquery group domainroot -name ms* -desc admin*
Buscar todos los grupos en el dominio dado en dc=microsoft,dc=com y mostrar sus nombres completos (DN):
   dsquery group dc=microsoft,dc=com

DSQUERY OU /?

Descripción: busca las unidades organizativas (UO) en el directorio de acuerdo con los criterios especificados.

Sintaxis: dsquery ou [{<nodoInicio> | forestroot | domainroot}] [-o {dn | rdn | samid}] [-scope {subtree | onelevel | base}] [-name <nombre>] [-desc <descripción>][{-s <servidor> | -d <dominio>}] [-u <nombreUsuario>][-p {<contraseña> | *}] [-q] [-gc][-limit <númObjetos>] [{-uc | -uco | -uci}]

Parámetros:

Valor	Descripción
{<nodoInicio> | forestroot | domainroot}	
	Nodo en el que empezará la búsqueda: raíz de bosque, raíz de dominio o el nodo cuyo DN es <nodoInicio>. Puede ser "forestroot", "domainroot" o un DN de objeto. Si se especifica "forestroot" se hará la búsqueda a través del catálogo global. Predeterminado: domainroot.
-o {dn | rdn}	Especifica el formato de salida. Predeterminado: nombre distintivo (DN).
-scope {subtree | onelevel | base}	
	Especifica el ámbito de la búsqueda: subárbol con raíz en el nodo de inicio (subtree); solo secundarios inmediatos del nodo de inicio (onelevel); el objeto base representado por el nodo de inicio (base). Tenga en cuenta que estos ámbitos de subárbol y dominio son los mismos para cualquier nodo de inicio a no ser que el nodo de inicio represente una raíz de dominio. Si se especifica forestroot como <nodoInicio>, subtree es el único ámbito válido. Predeterminado: subtree.
-name <nombre>	Busca unidades organizativas cuyo nombre coincide con el valor dado en <nombre>, por ejemplo, "jon*" o "*ith" o "j*th".
-desc <descripción>	Busca unidades organizativas cuya descripción coincide con el valor dado en <descripción>, por ejemplo, "jon*" o "*ith" o "j*th".
{-s <servidor> | -d <dominio>}	
-s <servidor>	se conecta a la instancia de DC/LDS de Active Directory nombre <servidor>.
-d <dominio>	se conecta a un controlador de dominio de Active Directory en el dominio <dominio>.
	Predeterminado: un controlador de dominio de Active Directory en el dominio de inicio de sesión.
-u <nombreUsuario>	Conectarse como <nombreUsuario>. Predeterminado: el usuario con la sesión iniciada.

`-p {<contraseña>	* }`	El nombre de usuario puede ser: nombre de usuario, dominio\nombre de usuario o nombre principal de usuario (UPN). Contraseña del usuario <nombreUsuario>. Si se especifica *, se pedirá la contraseña.
`-q`	Modo silencioso: la única salida es la estándar.
`-gc`	Buscar en el catálogo global de los Servicios de dominio de Active Directory.
`-limit <númObjetos>`	Especifica el número de objetos que se devolverán de los que coincidan con los criterios dados, donde <númObjetos> es el número de objetos que se devolverán. Si el valor de <númObjetos> es 0, se devolverán todos los objetos que coincidan. Si no se especifica este parámetro, se mostrarán los 100 primeros resultados de forma predeterminada.{-uc	-uco	-uci}
	`-uc` Especifica que la entrada desde o la salida hacia la canalización tiene formato Unicode.
	`-uco` Especifica que la salida hacia la canalización o el archivo tiene formato Unicode.
	`-uci` Especifica que la entrada desde la canalización o el archivo tiene formato Unicode.

Notas:

Los comandos dsquery le ayudarán a buscar objetos en el directorio que cumplan un criterio específico de búsqueda: la entrada para dsquery es un criterio de búsqueda y la salida es una lista de objetos que coinciden con la búsqueda. Para obtener las propiedades de un objeto específico, use los comandos dsget (dsget /?).

Si uno de los valores que proporciona contiene espacios, use comillas alrededor del texto (por ejemplo, "CN=Juan García,CN=Users,DC=microsoft,DC=com").

Si proporciona varios valores, éstos deberán estar separados por espacios(por ejemplo, una lista de nombres distintivos).

Ejemplos:

Para buscar todas las unidades organizativas en el dominio actual cuyo nombre empieza con "ms", su descripción empieza con "ventas" y mostrar sus nombres distintivos (DN):

    dsquery ou domainroot -name ms* -desc ventas*

Para buscar todas las unidades organizativas en el dominio dado en dc=microsoft,dc=com y mostrar sus nombres distintivos (DN):

    dsquery ou dc=microsoft,dc=com

DSQUERY SITE

Sintaxis: dsquery site [-o {dn | rdn}] [-name <nombre>][-desc <descripción>]
              [{-s <servidor> | -d <dominio>}] [-u <nombreUsuario>] [-p {<contraseña> | *}] [-q]
               [-gc] [-limit <númObjetos>] [{-uc | -uco | -uci}]

Parámetros:

Valor	Descripción
`-o {dn	rdn}`	Especifica el formato de salida. Predeterminado: nombre distintivo (DN).
`-name <nombre>`	Busca subredes cuyo nombre coincide con el valor dado en <nombre>, por ejemplo, "NA*" o "Europe".
`-desc <descripción>`	Busca subredes cuya descripción coincide con el filtro dado en <descripción>, por ejemplo, "corp*" o "*nch" o "j*th".
`{-s <servidor>	-d <dominio>}`	`-s <servidor>` se conecta a la instancia de DC/LDS de Active Directory nombre <servidor>. `-d <dominio>` se conecta a un controlador de dominio de Active Directory en el dominio <dominio>. Predeterminado: un controlador de dominio de Active Directory en el dominio de inicio de sesión.
`-u <nombreUsuario>`	Conectarse como <nombreUsuario>. Predeterminado: el usuario con la sesión iniciada. El nombre de usuario puede ser: nombre de usuario, dominio\nombre de usuario o nombre principal de usuario (UPN).
`-p {<contraseña>	* }`	Contraseña del usuario <nombreUsuario>. Si se especifica *, se pedirá la contraseña.
`-q`	Modo silencioso: la única salida es la estándar.
`-gc`	Buscar en el catálogo global de los Servicios de dominio de Active Directory.
`-limit <númObjetos>`	Especifica el número de objetos que se devolverán de los que coincidan con los criterios dados, donde <númObjetos> es el número de objetos que se devolverán. Si el valor de <númObjetos> es 0, se devolverán todos los objetos que coincidan. Si no se especifica este parámetro, se mostrarán los 100 primeros resultados de forma predeterminada.
`{-uc	-uco	-uci}`	`-uc` Especifica que la entrada desde o la salida hacia la canalización tiene formato Unicode.
	`-uco` Especifica que la salida hacia la canalización o el archivo tiene formato Unicode.
	`-uci` Especifica que la entrada desde la canalización o el archivo tiene formato Unicode.

Notas:

Los comandos dsquery le ayudarán a buscar objetos en el directorio que cumplan un criterio específico de búsqueda: la entrada para dsquery es un criterio de búsqueda y la salida es una lista de objetos que coinciden con la búsqueda. Para obtener las propiedades de un objeto específico, use los comandos dsget (dsget /?).

Si uno de los valores que proporciona contiene espacios, use comillas alrededor del texto (por ejemplo, "CN=Juan García,CN=Users,DC=microsoft,DC=com").

Si proporciona varios valores, éstos deberán estar separados por espacios (por ejemplo, una lista de nombres distintivos).

Ejemplos:
Para encontrar todos los sitios en Norteamérica cuyo nombre empiece por "norte" y mostrar sus nombres completos (DN):
    dsquery site -name norte*
Para mostrar los nombres completos relativos (RDN) de todos los sitios definidas en el directorio:
    dsquery site -o rdn

DSQUERY SERVER /?

Busca controladores de dominio de Active Directory / instancias de Active Directory Lightweight Directory Services que cumplan los criterios de búsqueda especificados.

Sintaxis: dsquery server [-o {dn | rdn}] [-forest] [-domain <nombreDominio>] [-site <nombreSitio>]
           [-name <nombre>] [-desc <descripción>] [-hasfsmo {schema | name | infr | pdc | rid}] [-isgc]
           [-isreadonly] [{-s <servidor> | -d <dominio>}] [-u <nombreUsuario>]
           [-p {<contraseña> | *}] [-q] [-gc][-limit <númObjetos>] [{-uc | -uco | -uci}]

Parámetros:

Valor	Descripción
-o {dn | rdn}	Especifica el formato de salida. Predeterminado: nombre distintivo (DN).
-forest	Busca todos los controladores de dominio de Active Directory en el bosque actual.
-domain <nombreDominio>	Busca todos los controladores de dominio de Active Directory con un nombre DNS que coincide con <nombreDominio>.
-site <nombreSitio>	Busca todos los controladores de dominio de Active Directory que forman parte del sitio <nombreSitio>.
-name <nombre>	Busca controladores de dominio de Active Directory cuyo nombre coincide con el valor dado en <nombre>, por ejemplo, "NA*" o "Europe*" o "j*th".
-desc <descripción>	Busca controladores de dominio de Active Directory cuya descripción coincide con el valor dado en <descripción>, por ejemplo, "corp*" o "j*th".
-hasfsmo {schema | name | infr | pdc | rid}	Busca la instancia de DC/LDS de Active Directory que tiene el rol especificado de operaciones de maestro único flexible (FSMO). (Para los roles FSMO "infr," "pdc" y "rid", si no se especifica un dominio con el parámetro -domain, se usará el dominio actual.) Las instancias de LDS de Active Directory pueden tener los roles FSMO de nombre y esquema.
-isgc	Busca todos los controladores de dominio de Active Directory que también son servidores de catálogo global (GC) en el ámbito especificado (si no se especifican los parámetros -forest, -domain o -site, se buscarán todos los catálogos globales en el dominio actual).
-isreadonly	Busca todos los controladores de dominio de solo lectura (RODC) de Active Directory en el ámbito especificado (si no se especifican los parámetros -forest, -domain o -site, se buscarán todos los RODC del dominio actual).
{-s <servidor> | -d <dominio>}	-s <servidor> se conecta a la instancia de DC/LDS de Active Directory nombre <servidor>. -d <dominio> se conecta a un controlador de dominio de Active Directory en el dominio <dominio>. Predeterminado: un controlador de dominio de Active Directory en el dominio de inicio de sesión.
-u <nombreUsuario>	Conectarse como <nombreUsuario>. Predeterminado: el usuario con la sesión iniciada. El nombre de usuario puede ser: nombre de usuario, dominio\nombre de usuario o nombre principal de usuario (UPN).
-p {<contraseña> | * }	Contraseña del usuario <nombreUsuario>. Si se especifica *, se pedirá la contraseña.
-q	Modo silencioso: la única salida es la estándar.
-gc	Buscar en el catálogo global de los Servicios de dominio de Active Directory.
-limit <númObjetos>	Especifica el número de objetos que se devolverán de los que coincidan con los criterios dados, donde <númObjetos> es el número de objetos que se devolverán. Si el valor de <númObjetos> es 0, se devolverán todos los objetos que coincidan. Si no se especifica este parámetro, se mostrarán los 100 primeros resultados de forma predeterminada.
{-uc | -uco | -uci}	-uc Especifica que la entrada desde o la salida hacia la canalización tiene formato Unicode. -uco Especifica que la salida hacia la canalización o el archivo tiene formato Unicode. -uci Especifica que la entrada desde la canalización o el archivo tiene formato Unicode.

Notas:
Los comandos dsquery le ayudarán a buscar objetos en el directorio que cumplan un criterio específico de búsqueda: la entrada para dsquery es un criterio de búsqueda y la salida es una lista de objetos que coinciden con la búsqueda. Para obtener las propiedades de un objeto específico, use los comandos dsget (dsget /?).

Si uno de los valores que proporciona contiene espacios, use comillas alrededor del texto (por ejemplo, "CN=Juan García,CN=Users,DC=microsoft,DC=com").

Si proporciona varios valores, éstos deberán estar separados por espacios (por ejemplo, una lista de nombres distintivos).

Ejemplos:
Buscar todos los controladores de dominio (DC) de Active Directory en el dominio actual:

```
        dsquery server
```
Buscar todos los DC de Active Directory en el bosque y mostrar sus nombres distintivos relativos (RDN):
```
        dsquery server -o rdn -forest
```
Buscar todos los DC de Active Directory en el sitio cuyo nombre es "Latinoamérica" y mostrar sus nombres distintivos relativos (RDN):
```
        dsquery server -o rdn -site Latinoamérica
```
Buscar el DC de Active Directory en el bosque que tiene el rol FSMO de esquema:
```
        dsquery server -forest -hasfsmo schema
```
Buscar todos los DC de Active Directory en el dominio ejemplo.microsoft.com que son servidores de catálogo global:
```
        dsquery server -domain ejemplo.microsoft.com -isgc
```
Buscar todos los DC de Active Directory en el dominio actual que tienen una copia de la partición de directorio dado llamada "AplicaciónVentas".
```
        dsquery server -part "Aplicación*"
```

DSQUERY USER

Busca los usuarios en el directorio que coincidan con ciertos criterios.

Sintaxis: `dsquery user [{<nodoInicio> | forestroot | domainroot}] [-o {dn | rdn | upn | samid}] [-scope {subtree | onelevel | base}] [-name <nombre>] [-namep <nombreFonético>] [-desc <descripción>] [-upn <UPN>] [-samid <nombreSAM>] [-inactive <númSemanas>] [-stalepwd <númDías>] [-disabled] [{-s <servidor> | -d <dominio>}] [-u <nombreUsuario>] [-p {<contraseña> | *}] [-q] [-gc] [-limit <númObjetos>] [{-uc | -uco | -uci}]`

Parámetros:

Valor	Descripción
`{<nodoInicio> | forestroot | domainroot}`	Nodo en el que empezará la búsqueda: raíz de bosque, raíz de dominio o el nodo cuyo DN es <nodoInicio>. Puede ser "forestroot", "domainroot" o un DN de objeto. Si se especifica "frestroot" se hará la búsqueda a través del catálogo global. Predeterminado: domainroot.
`-o {dn | rdn | upn | samid}`	Especifica el formato de salida. Predeterminado: nombre distintivo (DN).
`-scope {subtree | onelevel | base}`	Especifica el ámbito de la búsqueda: subárbol con raíz en el nodo de inicio (subtree); solo secundarios inmediatos del nodo de inicio (onelevel); el objeto base representado por el nodo de inicio (base). Tenga en cuenta que estos ámbitos de subárbol y dominio son los mismos para cualquier nodo de inicio a no ser que el nodo de inicio represente una raíz de dominio. Si se especifica forestroot como <nodoInicio>, subtree es el único ámbito válido. Predeterminado: subtree.
`-name <nombre>`	Busca usuarios cuyo nombre coincide con el filtro dado en <nombre>, por ejemplo, "jon*" o "*ith" o "j*th".
`-namep <nombreFonético>`	Busca usuarios cuyos nombres fonéticos para mostrar se proporcionan en <nombreFonético>, por ejemplo, "♪♫▌♯"o "▬▐" o "▌*♯"
`-desc <descripción>`	Busca usuarios cuya descripción coincide con el filtro dado en <descripción>, por ejemplo, "jon*" o "*ith" o "j*th".
`-upn <UPN>`	Busca usuarios cuyo UPN coincide con el filtro dado en <UPN>.
`-samid <nombreSAM>`	Busca usuarios cuya cuenta SAM coincide con el filtro dado en <nombreSAM>.
`-inactive <númSemanas>`	Busca usuarios que estuvieron inactivos (no iniciaron sesión) durante al menos las últimas <númSemanas> semanas.
`-stalepwd <númDías>`	Busca usuarios que no cambiaron sus contraseñas durante al menos los últimos <númDías> días.
`-disabled`	Busca usuarios cuyas cuentas están deshabilitadas.
`{-s <servidor> | -d <dominio>}`	-s <servidor> se conecta a la instancia de DC/LDS de Active Directory nombre <servidor>. -d <dominio> se conecta a un controlador de dominio de Active Directory en el dominio <dominio>. Predeterminado: un controlador de dominio de Active Directory en el dominio de inicio de sesión.
`-u <nombreUsuario>`	Conectarse como <nombreUsuario>. Predeterminado: el usuario con la sesión iniciada. El nombre de usuario puede ser: nombre de usuario, dominio\nombre de usuario o nombre principal de usuario (UPN).
`-p {<contraseña> | * }`	Contraseña del usuario <nombreUsuario>. Si se especifica *, se pedirá la contraseña.
`-q`	Modo silencioso: la única salida es la estándar.
`-gc`	Buscar en el catálogo global de los Servicios de dominio de Active Directory.
`-limit <númObjetos>`	Especifica el número de objetos que se devolverán de los que coincidan con los criterios dados, donde <númObjetos> es el número de objetos que se devolverán. Si el valor de <númObjetos> es 0, se devolverán todos los objetos que coincidan. Si no se especifica este parámetro, se mostrarán los 100 primeros resultados de forma predeterminada.
`{-uc | -uco | -uci}`	-uc Especifica que la entrada desde o la salida hacia la canalización tiene formato Unicode. -uco Especifica que la salida hacia la canalización o el archivo tiene formato Unicode. -uci Especifica que la entrada desde la canalización o el archivo tiene formato Unicode.

Notas:

Los comandos dsquery le ayudarán a buscar objetos en el directorio que cumplan un criterio específico de búsqueda: la entrada para dsquery es un criterio de búsqueda y la salida es una lista de objetos que coinciden con la búsqueda. Para obtener las propiedades de un objeto específico, use los comandos dsget (dsget /?).

Si uno de los valores que proporciona contiene espacios, use comillas alrededor del texto (por ejemplo, "CN=Juan García,CN=Users,DC=microsoft,DC=com").

Si proporciona varios valores, éstos deberán estar separados por espacios (por ejemplo, una lista de nombres distintivos).

Ejemplos:

Para buscar todos los usuarios en una unidad organizativa dada cuyos nombres empiezan por "jon" y que tienen las cuentas deshabilitadas para que no puedan iniciar sesión y mostrar sus nombres principales de usuario (UPN):

    dsquery user ou=Test,dc=microsoft,dc=com -o upn -name jon* -disabled

Para buscar todos los usuarios del dominio actual cuyos nombres terminan con "smith" que estuvieron inactivos durante 3 semanas o más y mostrar sus nombres distintivos (DN):

    dsquery user domainroot -name *smith -inactive 3

Para buscar todos los usuarios en la unidad organizativa dada en ou=sales,dc=microsoft,dc=com y mostrar sus UPN:

    dsquery user ou=sales,dc=microsoft,dc=com -o upn

DSQUERY QUOTA

Especificaciones de cuota en el directorio que cumplan los criterios de búsqueda especificados. Una especificación de cuota determina el número máximo de objetos de directorio que puede poseer una entidad de seguridad dada en una partición de directorio específica. Si los criterios de búsqueda predefinidos en este comando no son suficientes, use la versión más general del comando de consulta, dsquery *.

Sintaxis: dsquery quota {domain root | <DNObjeto>} [-o {dn | rdn}][-acct <nombre>] [-qlimit <filtro>] [-desc <descripción>][{-s <servidor> | -d <dominio>}] [-u <nombreUsuario>] [-p {<contraseña> | *}] [-q] [-limit <númObjetos>][{-uc | -uco | -uci}]

Parámetros:

Valor	Descripción
{domainroot	<DNObjeto>}	Especifica dónde debe empezar la búsqueda. Use DNObjeto para especificar el nombre distintivo (DN) o use domainroot para especificar la raíz del dominio actual. Predeterminado: domainroot
-o {dn	rdn}	Especifica el formato de salida. El formato predeterminado es el nombre distintivo dn).
-acct <nombre>	Busca las especificaciones de cuota asignadas a la entidad de seguridad (usuario, grupo, equipo o InetOrgPerson) representadas por nombre. La opción -acct se puede proporcionar con la forma de nombre distintivo de la entidad de seguridad o el dominio\nombreCuentaSAM de la entidad de seguridad.
-qlimit <filtro>	Busca las especificaciones de cuota cuyo límite coincide con <filtro>.
-desc <descripción>	Busca especificaciones de cuota que tienen un atributo de descripción que coincide con <descripción> (por ejemplo, "jon*" o "*ith" o "j*th").
{-s <servidor>	-d <dominio>}	Se conecta a una instancia de DC/LDS de Active Directory o dominio especificado. De forma predeterminada, el equipo se conecta a un controlador de dominio de Active Directory en el dominio de inicio de sesión.

-u <nombreUsuario>	Especifica el nombre de usuario con el que el usuario inicia sesión en el servidor remoto. De forma predeterminada, -u usa el nombre de usuario con el que el usuario inició la sesión. Puede usar uno de los siguientes formatos para especificar un nombre de usuario:
	    nombre de usuario (por ejemplo, Miguel)
	    dominio\nombre usuario (por ejemplo,widgets\Miguel)
	    nombre principal de usuario (UPN) (por ejemplo, Miguel@widgets.microsoft.com)

-p {<contraseña>	*}	Especifica que se use una contraseña o un asterisco (*) para iniciar sesión en un servidor remoto. Si escribe *, se le pedirá una contraseña.
-q	La única salida es la estándar (modo silencioso).
-limit <númObjetos>	Especifica el número de objetos que se devolverán de los que coincidan con los criterios dados. Si el valor de númObjetos es 0, se devolverán todos los objetos que coincidan. Si no se especifica este parámetro, se mostrarán los 100 primeros resultados de forma predeterminada.

{-uc	-uco	-uci}	Especifica que los datos de salida o entrada tienen formato Unicode, de la forma siguiente:
			  -uc Especifica que la entrada desde o la salida hacia la canalización (|) tiene formato Unicode.
			  -uco Especifica que la salida hacia la canalización (|) o el archivo tiene formato Unicode.
			  -uci Especifica que la entrada desde la canalización (|) o el archivo tiene formato Unicode.

Notas:

Los resultados de una búsqueda de dsquery se pueden canalizar como entrada a otra de las herramientas de la línea de comandos del Servicio de directorio, como dsget, dsmod, dsmove, dsrm o a una búsqueda adicional de dsquery.

Si uno de los valores que proporciona contiene espacios, use comillas alrededor del texto (por ejemplo, "CN=Juan García,CN=Users,DC=microsoft,DC=com").

Si usa varios valores para un parámetro, use espacios para separar los valores(por ejemplo, una lista de nombres distintivos).

Si no especifica ninguna opción de filtrado de búsqueda (es decir, -forest,-domain,-site, -name, -desc, -hasfsmo, -isgc), el criterio de búsqueda predeterminado es todos los servidores en el dominio actual, como se representará con un filtro LDAP apropiado.

Cuando especifica valores para la descripción, puede usar el carácter comodín (*) (por ejemplo, "NA*," "*BR," y "NA*BA").

Cualquier valor para el filtro que especifique con qlimit se leerá como una cadena. Siempre tendrá que usar comillas alrededor de este parámetro.

Cualquier intervalo de valores que especifique con <=, =, o >= también deberá estar entre comillas (por ejemplo, -qlimit "=100", -qlimit "<=99", -qlimit ">=101"). Para encontrar todas las cuotas distintas de un valor ilimitado, use ">=-1".

Ejemplos:
Para mostrar todas las especificaciones de cuota en el dominio actual, escriba:
    `dsquery quota domainroot`
Para mostrar todos los usuarios cuyo nombre empieza por "Mig" y que tienen cuotas asignadas, escriba:
    `dsquery user -name mig* | dsquery quota domainroot -acct | dsget quota -acct`

DSQUERY PARTITION /?

Busca objetos de partición en el directorio que cumplan los criterios de búsqueda especificados. Si los criterios de búsqueda predefinidos en este comando no son suficientes, use la versión más general del comando de consulta, dsquery *.

Sintaxis: `dsquery partition [-o {dn | rdn}] [-part <filtro>][-desc <descripción>]`
`           [{-s <servidor> | -d <dominio>}][-u <nombreUsuario>]`
`           [-p {<contraseña> | *}] [-q][-limit <númObjetos>] [{-uc | -uco | -uci}]`

Parámetros:

Valor	Descripción
-o {dn | rdn}	Especifica el formato de salida. El formato predeterminado es el nombre distintivo (dn).
-part <filtro>	Busca especificaciones de partición cuyo nombre común (NC) coincide con el filtro dado en <filtro>.
{-s <servidor> | -d <dominio>}	Se conecta a una instancia de DC/LDS de Active Directory o dominio especificado. De forma predeterminada, el equipo se conecta a un controlador de dominio de Active Directory en el dominio de inicio de sesión.

-u <nombreUsuario>	Especifica el nombre de usuario con el que el usuario inicia sesión en el servidor remoto. De forma predeterminada, -u usa el nombre de usuario con el que el usuario inició la sesión. Puede usar uno de los siguientes formatos para especificar un nombre de usuario:
	    nombre de usuario (por ejemplo, Miguel)
	    dominio\nombre usuario (por ejemplo, widgets\Miguel)
	    nombre principal de usuario (UPN) (por ejemplo, Miguel@widgets.microsoft.com)

-p {<contraseña> | *}	Especifica que se use una contraseña o un asterisco (*) para iniciar sesión en un servidor remoto. Si escribe *, se le pedirá una contraseña.
-q	La única salida es la estándar (modo silencioso).
-limit <númObjetos>	Especifica el número de objetos que se devolverán de los que coincidan con los criterios dados. Si el valor de númObjetos es 0, se devolverán todos los objetos que coincidan. Si no se especifica este parámetro, se mostrarán los 100 primeros resultados de forma predeterminada.

{-uc | -uco | -uci}	Especifica que los datos de salida o entrada tienen formato Unicode, de la forma siguiente:
	  -uc Especifica que la entrada desde o la salida hacia la canalización (|) tiene formato Unicode.
	  -uco Especifica que la salida hacia la canalización (|) o el archivo tiene formato Unicode.
	  -uci Especifica que la entrada desde la canalización (|)o el archivo tiene formato Unicode.

Notas:
Los resultados de una búsqueda de dsquery se pueden canalizar como entrada a otra de las herramientas de la línea de comandos del Servicio de directorio, como dsget, dsmod, dsmove, dsrm o a una búsqueda adicional de dsquery.

Si uno de los valores que proporciona contiene espacios, use comillas alrededor del texto (por ejemplo, "CN=Juan García,CN=Users,DC=microsoft,DC=com").

Si usa varios valores para un parámetro, use espacios para separar los valores (por ejemplo, una lista de nombres distintivos).

Si no especifica ninguna opción de filtrado de búsqueda (es decir, -forest, -domain,-site, -name, -desc, -hasfsmo, -isgc), el criterio de búsqueda predeterminado es todos los servidores en el dominio actual, como se representará con un filtro LDAP apropiado.

Cuando especifica valores para la descripción, puede usar el carácter comodín(*)(por ejemplo, "NA*," "*BR," y "NA*BA").

Ejemplos:
Para mostrar los nombres distintivos de todas las particiones de directorio en el bosque, escriba:
    `dsquery partition`
Para mostrar los nombres distintivos de todas las particiones de directorio en el bosque cuyo nombre común empiece con SQL, escriba:
    `dsquery partition -part SQL*`

FSUTIL

```
---- Comandos compatibles ----

    8dot3name       Administración de 8dot3name
    behavior        Controla el comportamiento del sistema de archivos
    dirty           Administra el bit de integridad del volumen
    file            Comandos de archivos específicos
    fsinfo          Información del sistema de archivos
    hardlink        Administración de vínculos permanentes
    objectid        Administración de identificadores de objeto
    quota           Administración de cuota
    repair          Administración de recuperación automática
    reparsepoint    Administración de punto de repetición de análisis
    resource        Administración del Administrador de recursos de transacción
    sparse          Control de archivo disperso
    tiering         Administración de propiedades de organización en niveles de almacenamiento
    transaction     Administración de transacciones
    usn             Administración de USN
    volume          Administración de volumen
    wim             Administración transparente del hospedaje wim
```

FSUTIL FSINFO

```
    C:\Users\aprendiz>FSUTIL  FSINFO HELP
    ---- Comandos FSINFO compatibles ----

    drives          Enumera todos las unidades
    driveType       Consulta el tipo de una unidad
    ntfsInfo        Consulta información de volumen específica de NTFS
    refsInfo        Consulta información de volumen específica de REFS
    sectorInfo      Consulta la información del sector
    statistics      Consulta las estadísticas del sistema de archivos
    volumeInfo      Consulta la información de volumen
```

FSUTIL QUOTA

```
    C:\Windows\system32>FSUTIL QUOTA  HELP
    ---- Comandos QUOTA compatibles ----

    disable         Deshabilita el seguimiento y aplicación de cuotas
    enforce         Habilita la aplicación de cuotas
    modify          Establece la cuota de disco para un usuario
    query           Consulta las cuotas de disco
    track           Habilita el seguimiento de cuotas
    violations      Muestra infracciones de cuota
```

GETMAC

Esta herramienta habilita al administrador para mostrar la dirección MAC para adaptadores de red en un sistema.

GETMAC [/S sistema [/U nombre_usuario [/P [contraseña]]]] [/FO formato][/NH] [/V]

Lista de parámetros:

```
    /S      sistema             Especifica el sistema remoto al que conectarse.
    /U      [dominio\]usuario   Especifica el contexto de usuario con en el que el comando se debe ejecutar.
    /P      [contraseña]        Especifica la contraseña para el contexto de usuario dado. Pide entrada si
                                se omite.
    /FO     formato             Especifica en que formato se va a mostrar la salida.
                                Valores válidos: "TABLE", "LIST" y "CSV".
    /NH                         Específica que el "encabezado de columna" no debe mostrarse en la salida.
                                Solo se usa con los formatos TABLE y CSV.
    /V                          Específica que se muestra la salida detallada.
```

NBTSTAT (puesto)

Muestra las estadísticas del protocolo y las conexiones actuales de TCP/IP usando NBT (NetBIOS sobre TCP/IP).

NBTSTAT [[-a Nombreremoto] [-A dirección IP] [-c] [-n] [-r] [-R] [-RR] [-s] [-S] [intervalo]]

```
    -a    (estado del adaptador)   Hace una lista de la tabla de nombres de los equipos remotos según su nombre
    -A    (estado del adaptador)   Hace una lista de la tabla de nombres de los equipos remotos según sus di-
                                   recciones de IP.
    -c    (caché)                  Hace una lista de los nombres [equipo]remotos de la caché NBT y sus  direc-
                                   ciones de IP
    -n    (nombres)                Hace una lista de los nombres NetBIOS locales.
    -r    (resueltos)              Lista de nombres resueltos por difusión y vía WINS
    -R    (Volver a cargar)        Purga y vuelve a cargar la tabla de nombres de la caché remota
    -S    (Sesiones)               Hace una lista de la tabla de sesiones con las direcciones de destino de IP
    -s    (sesiones)               Hace una lista de la tabla de sesiones convirtiendo las direcciones de des-
                                   tino de IP en nombres de equipo NETBIOS.
    -RR   (LiberarActualizar)      Envía paquetes de Liberación de nombres a WINS y después, inicia Actualizar
```

CUADERNILLO PRÁCTICO 1: *Comandos Windows de red y AD DS*

```
   NombreRemoto    Nombre del equipo de host remoto.
   Dirección IP    Representación del Punto decimal de la dirección de IP.
   intervalo       Vuelve a mostrar estadísticas seleccionadas, pausando segundos de intervalo entre cada
                   muestra. Presionar Ctrl+C para parar volver a mostrar las estadísticas.
```

NET

```
C:\Windows\system32>net  help
La sintaxis de este comando es:

NET HELP  comando
     -o-
NET comando /HELP

   Éstos son los comandos disponibles:

   NET ACCOUNTS             NET HELPMSG             NET STATISTICS
   NET COMPUTER             NET LOCALGROUP          NET STOP
   NET CONFIG               NET PAUSE               NET TIME
   NET CONTINUE             NET SESSION             NET USE
   NET FILE                 NET SHARE               NET USER
   NET GROUP                NET START               NET VIEW
   NET HELP

   NET HELP NAMES explica los diferentes tipos de nombres usados en las líneas de sintaxis de NET HELP.
   NET HELP SERVICES muestra algunos de los servicios que se pueden iniciar.
   NET HELP SYNTAX explica cómo leer las líneas de sintaxis de NET HELP.
   NET HELP comando | MORE muestra la Ayuda en una pantalla a la vez.

   NET HELP comando | MORE muestra la Ayuda en una pantalla a la vez.
   Ejemplo:        NET HELP ACCOUNTS
                   NET HELP COMPUTER
                   NET ACCOUNTS  /HELP
                   NET COMPUTER  /HELP
```

NET ACCOUNTS

```
Sintaxis:       NET ACCOUNTS [/FORCELOGOFF:{minutos | NO}] [/MINPWLEN:longitud]  [/MAXPWAGE:{días | UNLIM-
                ITED}] [/MINPWAGE:días] [/UNIQUEPW:número] [/DOMAIN]
```

NET ACCOUNTS actualiza la base de datos de cuentas de usuario y modifica los requisitos de contraseña e inicio de sesión para todas las cuentas.
Si se usa sin opciones, NET ACCOUNTS muestra la configuración actual de contraseñas, limitaciones de inicio de sesión e información de dominio.

Se requieren dos condiciones para que las opciones usadas con NET ACCOUNTS surtan efecto:
- Los requisitos de contraseña e inicio de sesión solo se aplicarán si ya se configuraron cuentas de usuario (use el Administrador de usuarios o el comando NET USER)
- El servicio NetLogon debe estar ejecutándose en todos los servidores del dominio que comprueban el inicio de sesión. NetLogon se inicia automáticamente cuando se inicia Windows.

```
/FORCELOGOFF:{minutos | NO}    Establece el número de minutos con los que un usuario cuenta antes de que su
                               sesión se cierre cuando la cuenta o las horas de sesión válidas expiran. El valor
                               predeterminado (NO) impide el cierre de sesión forzado.
/MINPWLEN:longitud             Establece el mínimo de caracteres para una contraseña. El intervalo es de 0 a 14
                               caracteres, y el valor predeterminado es 6.
/MAXPWAGE:{días | UNLIMITED}   Establece el máximo de días de validez de una contraseña. Si se usa UNLIMI-
                               TED, no se impondrá ningún límite. /MAXPWAGE no puede ser inferior a /MINPWAGE. El
                               intervalo es de 1 a 999; la opción predeterminada es no cambiar el valor.
/MINPWAGE:días                 Establece el mínimo de días que deben transcurrir para que un usuario pueda cambiar
                               la contraseña. Un valor de 0 no establece ningún límite de tiempo. /MINPWAGE no pue-
                               de ser mayor que /MAXPWAGE.
/UNIQUEPW:número               Requiere que las contraseñas de usuario sean únicas en todos los cambios de contra-
                               seña especificados. El valor máximo es 24.
/DOMAIN                        Realiza la operación en un controlador de dominio del dominio actual. Si no se
                               especifica, la operación se realiza en el equipo local.
```

NET COMPUTER

```
Sintaxis:       NET COMPUTER    \\equipo {/ADD | /DEL}
```

NET COMPUTER agrega o elimina equipos de una base de datos de dominio.
Este comando solo está disponible en servidores Windows NT.

```
\\equipo        Específica el equipo que se desea agregar o eliminar del dominio.
/ADD            Agrega el equipo especificado al dominio.
/DEL            Quita el equipo especificado del dominio.
```

NET CONFIG

NET CONFIG muestra información de configuración del servicio Estación de trabajo o Servidor. Si se usa sin el modificador SERVER o WORKSTATION, muestra una lista de servicios configurables. Para obtener ayuda acerca de cómo configurar un servicio, escriba NET HELP CONFIG servicio.

Sintaxis: NET CONFIG   [SERVER | WORKSTATION]

SERVER   Muestra información acerca de la configuración del servicio Servidor.
WORKSTATION   Muestra información acerca de la configuración del servicio Estación de trabajo.

NET CONTINUE

NET CONTINUE reactiva un servicio de Windows suspendido por NET PAUSE
        NET CONTINUE   servicio

servicio   **Servicio pausado.**
                    Por ejemplo, alguno de los siguientes:
                    NETLOGON
                    SCHEDULE
                    SERVER
                    WORKSTATION

NET FILE

NET FILE cierra un archivo compartido y quita los bloqueos de archivo.
Si se usa sin opciones, muestra los archivos abiertos en un servidor.
La lista contiene el número de identificación asignado a un archivo abierto, la ruta de acceso del archivo, el nombre de usuario y el número de bloqueos en el archivo.

Sintaxis: NET FILE [id [/CLOSE]]

Este comando solo funciona en equipos que ejecutan el servicio Servidor.

id.   Número de identificación del archivo.
/CLOSE   Cierra un archivo abierto y quita los bloqueos de archivo. Escriba este comando desde el servidor en que se comparte el archivo.

NET GROUP

NET GROUP agrega, muestra o modifica grupos globales en servidores. Si se usa sin parámetros, muestra los nombres de grupo en el servidor.

Sintaxis: NET GROUP [grupo [/COMMENT:"texto"]] [/DOMAIN]
                         grupo {/ADD [/COMMENT:"texto"] | /DELETE}   [/DOMAIN]
                         grupo usuario [...] {/ADD | /DELETE} [/DOMAIN]

nombreDeGrupo   Nombre del grupo que se desea agregar, expandir o eliminar.
                       Proporcione solo un nombre de grupo para ver una lista de usuarios en un grupo.
/COMMENT:"texto"   Agrega un comentario para un grupo nuevo o existente.
                       Escriba el texto entre comillas.
/DOMAIN   Realiza la operación en un controlador de dominio del dominio actual. Si no se especifica, la operación se realiza en el equipo local.
usuario[...]   Muestra uno o más hombres de usuario para agregarlos o quitarlos de un grupo. Separe varios nombres de usuario con espacios.
/ADD   Agrega un grupo o agrega un nombre de usuario a un grupo.
/DELETE   Quita un grupo o quita un nombre de usuario de un grupo.

NET HELPMSG

NET HELPMSG muestra información acerca de mensajes de red de Windows (como mensajes de error, advertencia o alerta). Si escribe NET HELPMSG y un número de error (por ejemplo, "net helpmsg 2182"), Windows mostrará información acerca del mensaje y sugerirá acciones para resolver el problema.

Sintaxis: NET HELPMSG #mensaje

N° de mensaje   Número de error de Windows para el que necesita ayuda.

NET LOCALGROUP

NET LOCALGROUP modifica los grupos locales en equipos. Si se usa sin opciones, muestra los grupos locales en el equipo.

Sintaxis:

NET LOCALGROUP [grupo [/COMMENT:"texto"]] [/DOMAIN] grupo {/ADD [/COMMENT:"texto"] | /DELETE}   [/DOMAIN]
              grupo nombre [...] {/ADD | /DELETE} [/DOMAIN]

nombreDeGrupo   Nombre del grupo local que se desea agregar, expandir o eliminar. Proporcione solo un nombre de grupo para ver una lista de usuarios o grupos globales en un grupo local.
/COMMENT:"texto"   Agrega un comentario para un grupo nuevo o existente.
                       Escriba el texto entre comillas.
/DOMAIN   Realiza la operación en el controlador de dominio del dominio actual. Si no se especifica, la operación se realiza en la estación de trabajo local.
nombre [...]   Muestra uno o más nombres de usuario o grupo para agregarlos o quitarlos de un grupo local. Separe entradas múltiples con espacios. Los nombres pueden ser usuarios o grupos globales, no otros grupos locales. Si un usuario pertenece a otro dominio, anteceda el nombre de usuario con el nombre de dominio (por ejemplo, VENTAS\USUARIO).
/ADD   Agrega un nombre de grupo o usuario a un grupo local.
                       Se debe establecer una cuenta para los usuarios o grupos globales que se agreguen a un grupo local con este comando.

/DELETE	Quita un nombre de grupo o usuario del grupo local.

NET PAUSE

Pausa un servicio que se encuentra activo pasando a estado de espera, y pasa a ejecución con NET CONTINUE.

Sintaxis: NET PAUSE servicio

NET PAUSE suspende un servicio o recurso de Windows. Si pausa un servicio, se pondrá en espera.

servicio	Servicio que se pausará. Por ejemplo, alguno de los siguientes: NETLOGON SCHEDULE SERVER WORKSTATION

NET SESSION

NET SESSION muestra o desconecta sesiones entre el equipo y otros equipos de la red. Si se usa sin ninguna opción, muestra información de todas las sesiones con el equipo de foco actual.

Sintaxis: NET SESSION [\\equipo] [/DELETE] [/LIST]

Este comando funciona únicamente en servidores.

\\equipo	Muestra la información de sesión para el equipo nombrado.
/DELETE	Finaliza la sesión entre el equipo local y el nombre de equipo, y cierra todos los archivos abiertos en el equipo para la sesión. Si se omite el nombre de equipo, finalizarán todas las sesiones.
/LIST	Muestra información en una lista en vez de una tabla.

NET SHARE

NET SHARE pone los recursos del servidor a disposición de los usuarios de red. Si se usa sin opciones, muestra información de todos los recursos compartidos en el equipo. Windows muestra los nombres de dispositivo o de ruta para cada recurso, así como un comentario descriptivo asociado.

Sintaxis:

```
NET SHARE recursoCompartido
          recursoCompartido=unidad:ruta [/GRANT:usuario,[READ | CHANGE | FULL]]
                              [/USERS:número | /UNLIMITED] [/REMARK:"texto"]
                              [/CACHE:Manual | Documents| Programs | BranchCache | None ]
          recursoCompartido [/USERS:número | /UNLIMITED]
                  [/REMARK:"texto"] [/CACHE:Manual | Documents | Programs | BranchCache | None]
          {recursoCompartido | dispositivo | unidad:ruta} /DELETE
          recursoCompartido \\equipo /DELETE
```

recursoCompartido	Nombre de red del recurso compartido. Escriba NET SHARE junto con un valor de recurso compartido solo para mostrar información acerca de dicho recurso compartido.
unidad:ruta	Especifica la ruta absoluta del directorio que se desea compartir.
/GRANT:usuario,perm	Crea el recurso compartido con un descriptor de seguridad que otorga los permisos solicitados al usuario dado. Esta opción se puede usar más de una vez para otorgar permisos de recursos compartidos a varios usuarios.
/USERS:número	Establece el número máximo de usuarios que pueden tener acceso simultáneo al recurso compartido.
/UNLIMITED	Especifica que un número ilimitado de usuarios puede tener acceso simultáneo al recurso compartido.
/REMARK:"texto"	Agrega un comentario descriptivo acerca del recurso. Escriba el texto entre comillas.
dispositivo	Una o más impresoras (de LPT1: a LPT9:) compartidas por recursoCompartido.
/DELETE	Deja de compartir el recurso.
/CACHE:Manual	Habilita el almacenamiento en caché manual de los programas y documentos de este recurso compartido.
/CACHE:Documents	Habilita el almacenamiento en caché automático de los documentos de este recurso compartido.
/CACHE:Programs	Habilita el almacenamiento en caché automático de los documentos y programas de este recurso compartido.
/CACHE:BranchCache	Almacenamiento manual en caché de documentos con BranchCache habilitado de este recurso compartido.
/CACHE:None	Deshabilita el almacenamiento en caché en este recurso compartido.

NET START

NET START muestra un listado de servicios en ejecución.

Sintaxis: NET START   [service]

servicio   Puede incluir uno de los siguientes servicios:
  BROWSER
  DHCP CLIENT
  EVENTLOG
  FILE REPLICATION

```
NETLOGON
PLUG AND PLAY
REMOTE ACCESS CONNECTION MANAGER
ROUTING AND REMOTE ACCESS
RPCSS
SCHEDULE
SERVER
SPOOLER
TCP/IP NETBIOS HELPER
UPS
WORKSTATION
```

Cuando se escriben en el símbolo del sistema, los nombres de servicio de dos o más palabras deben estar entre comillas. Por ejemplo,
   NET START "cliente DHCP" inicia el servicio Cliente DHCP.
   NET START también puede iniciar servicios no proporcionados con Windows.
   NET HELP comando | MORE muestra la Ayuda en una pantalla a la vez.

NET STATISTICS

NET STATISTICS muestra el registro de estadísticas para el servicio local Estación de trabajo o Servidor.

Sintaxis: NET STATISTICS   [WORKSTATION | SERVER]

Si se usa sin parámetros, NET STATISTICS muestra los servicios con estadísticas disponibles.

SERVER   Muestra las estadísticas del servicio Servidor.
WORKSTATION   Muestra las estadísticas del servicio Estación de trabajo.

NET STOP

NET STOP detiene servicios de Windows. Al detener un servicio se cancelan las conexiones de red que use el servicio. Además, algunos servicios dependen de otros. Si se detiene un servicio, se pueden detener otros.

Algunos servicios no se pueden detener.

Sintaxis: NET STOP   service

servicio   Puede ser uno de los siguientes servicios:
```
   BROWSER
   DHCP CLIENT
   FILE REPLICATION
   NETLOGON
   REMOTE ACCESS CONNECTION MANAGER
   ROUTING AND REMOTE ACCESS
   SCHEDULE
   SERVER
   SPOOLER
   TCP/IP NETBIOS HELPER
   UPS
   WORKSTATION
```

NET STOP también puede detener servicios no proporcionados con Windows.

NET TIME

NET TIME sincroniza el reloj del equipo con el de otro equipo o dominio, o muestra la hora de un equipo o dominio. Cuando se usa sin opciones en un dominio de Windows Server, muestra la fecha y la hora actuales en el equipo designado como servidor horario del dominio.

Sintaxis: **NET TIME [\\nombreEquipo | /DOMAIN[:nombreDominio] | /RTSDOMAIN[:nombreDominio]] [/SET]**

\\nombreEquipo   Nombre del equipo que desee comprobar o con el que desee realizar la sincronización.
/DOMAIN[:nombreDominio]   Especifica que se sincronizará la hora desde el controlador de dominio principal de nombreDominio.
/RTSDOMAIN[:nombreDominio] Especifica que se sincronizará con un servidor horario de confianza de nombreDeDominio.
/SET   Sincroniza la hora del equipo con la hora del equipo o dominio especificados.

Las opciones /QUERYSNTP y /SETSNTP están desusadas. Use w32tm.exe para configurar el servicio Hora de Windows.

NET USE

NET USE conecta un equipo a un recurso compartido o lo desconecta de él. Si se usa sin opciones, muestra las conexiones del equipo.

Sintaxis: NET USE [devicename | *] [\\computername\sharename[\volume] [password | *]]
                  [/USER:[domainname\]username]
                  [/USER:[dotted domain name\]username]
                  [/USER:[username@dotted domain name]
                  [/SMARTCARD]
                  [/SAVECRED]

Pág. 111

```
              [[/DELETE] | [/PERSISTENT:{YES | NO}]]

              NET USE {devicename | *} [password | *] /HOME
              NET USE [/PERSISTENT:{YES | NO}]
```

dispositivo	Asigna un nombre para conectarse al recurso o especifica el dispositivo del que se desconectará. Hay dos clases de dispositivos: unidades de disco (de D: a Z:) e impresoras (de LPT1: a LPT3:). Escriba un asterisco en lugar de un dispositivo específico para asignar el siguiente dispositivo disponible.
\\equipo	Nombre del equipo que controla el recurso compartido. Si este nombre contiene caracteres en blanco, escriba la doble barra diagonal inversa (\\) y el nombre del equipo entre comillas (" "). El nombre del equipo puede tener entre 1 y 15 caracteres.
\recursoCompartido	Nombre de red del recurso compartido.
\volumen	Especifica el volumen de NetWare en el servidor. Los Servicios cliente para NetWare (Estaciones de trabajo de Windows) o Servicio de puerta de enlace para NetWare (Windows Server) deben estar instalados y en ejecución para conectarse a los servidores NetWare.
contraseña	Contraseña requerida para obtener acceso al recurso compartido.
*	Solicita la contraseña. La contraseña no se mostrará al escribirla.
/USER	Especifica un nombre de usuario diferente para realizar la conexión.
nombreDeDominio	Especifica otro dominio. Si este valor se omite, se usa el dominio actual con sesión iniciada.
nombreDeUsuario	Especifica el nombre de usuario con el que se inicia sesión.
/SMARTCARD	Especifica que la conexión debe usar las credenciales en una tarjeta inteligente.
/SAVECRED	Especifica que se deben guardar el nombre de usuario y la contraseña. Este modificador se omitirá a menos que el comando solicite un nombre de usuario y una contraseña.
/HOME	Conecta un usuario a su directorio principal.
/DELETE	Cancela una conexión de red y quita la conexión de la lista de conexiones persistentes.
/PERSISTENT	Controla el uso de conexiones de red persistentes. El valor predeterminado es la última configuración usada.
YES	Guarda las conexiones a medida que se establecen, y las restaura en el siguiente inicio de sesión.
NO	No guarda la conexión establecida ni las conexiones subsiguientes; las conexiones existentes se restaurarán en el siguiente inicio de sesión. Use el modificador /DELETE para quitar las conexiones persistentes.

NET USER

NET USER crea y modifica las cuentas de usuario en equipos. Si se usa sin modificadores, muestra las cuentas de usuario en el equipo. La información de cuenta de usuario se almacena en la base de datos de cuentas de usuario.

```
Sintaxis:     NET USER [usuario [contraseña | *] [opciones]] [/DOMAIN]
                       usuario {contraseña | *} /ADD [opciones] [/DOMAIN]
                       usuario [/DELETE] [/DOMAIN]
                       usuario [/TIMES:{tiempos | ALL}]
                       usuario [/ACTIVE: {YES | NO}]
```

usuario	Nombre de la cuenta de usuario que se desea agregar, eliminar, modificar o ver. El nombre de la cuenta de usuario puede tener hasta 20 caracteres.
contraseña	Asigna o cambia la contraseña para la cuenta del usuario. Las contraseñas deben cumplir con la longitud mínima establecida con la opción /MINPWLEN en el comando NET ACCOUNTS, y puede tener hasta 14 caracteres.
*	Crea una solicitud de contraseña. La contraseña no se mostrará mientras se escribe.
/DOMAIN	Realiza la operación en un controlador de dominio del dominio actual.
/ADD	Agrega una cuenta de usuario a la base de datos de cuentas de usuario.
/DELETE	Quita una cuenta de usuario de la base de datos de cuentas de usuario.

Opciones   Se describen a continuación:

Opciones	Descripción
/ACTIVE:{YES | NO}	Activa o desactiva la cuenta. Si la cuenta no está activa, el usuario no podrá tener acceso al equipo. El valor predeterminado es YES.
/COMMENT:"texto"	Proporciona un comentario descriptivo acerca de la cuenta de usuario. Escriba el texto entre comillas.
/COUNTRYCODE:nnn	Usa el código de país o región del sistema operativo para usar los archivos de idioma especificados en la ayuda y mensajes de error para el usuario. Un valor de 0 indica el código de país o región predeterminado.
/EXPIRES:{fecha | NEVER}	Hace que la cuenta expire si se establece una fecha. NEVER no establece límite de tiempo en la cuenta. La fecha de expiración debe tener el formato mm/dd/aa(aa). Los meses se pueden indicar con números, nombres o abreviaturas de tres letras. El año debe contener 2 o 4 números. Use barras diagonales (/) en lugar de espacios para separar las partes de la fecha.
/FULLNAME:"nombre"	Nombre completo del usuario (a diferencia de un nombre de usuario). Escriba el nombre entre comillas.
/HOMEDIR:ruta	Establece la ruta para el directorio principal del usuario. La ruta debe existir.
/PASSWORDCHG:{YES | NO}	Especifica si los usuarios pueden cambiar su contraseña. El valor predeterminado es YES.
/PASSWORDREQ:{YES | NO}	Especifica si una cuenta de usuario debe tener contraseña. El valor predeterminado es YES.
/LOGONPASSWORDCHG:{YES|NO}	Especifica si el usuario debe cambiar la contraseña propia en el siguiente inicio de sesión. La opción predeterminada es NO.

/PROFILEPATH[:ruta]	Establece una ruta para el perfil de inicio de sesión del usuario.
/SCRIPTPATH:ruta	Ubicación del script de inicio de sesión del usuario.
/TIMES:{tiempos | ALL}	Horas de inicio de sesión. TIMES se expresa como día[-día][,día[-día]],hora[-hora][,hora[-hora]], limitado a incrementos de 1 hora.
	Los días se pueden escribir completos o abreviados. Las horas pueden expresarse en notación de 12 o de 24 horas. Use am, pm, a.m. o p.m. para la notación de 12 horas. ALL indica que un usuario puede iniciar sesión siempre, y un valor en blanco indica que no puede iniciar sesión nunca. Separe los valores de días y horas con comas, y separe los valores múltiples de día y hora con puntos y coma.
/USERCOMMENT:"texto"	Permite que un administrador agregue o cambie el comentario de usuario para la cuenta.
/WORKSTATIONS:{equipo [,...] | *}	
	Muestra hasta 8 equipos en la red desde los que podrá iniciar sesión un usuario. Si /WORKSTATIONS no tiene ninguna lista o si la lista es *, el usuario podrá conectarse desde cualquier equipo.

NET VIEW

NET VIEW muestra una lista de recursos compartidos en un equipo. Si se usa sin opciones, muestra una lista de equipos del dominio o red actual.

Sintaxis: **NET VIEW**   [\\nombreEquipo [/CACHE] | [/ALL] | /DOMAIN[:nombreDominio]]

\\nombreEquipo	Es un equipo cuyos recursos compartidos desea ver.
/DOMAIN:nombreDominio	Especifica el dominio para el que desea ver los equipos disponibles. Si se omite el nombre de dominio, muestra todos los dominios de la red de área local.
/CACHE	Muestra la configuración de almacenamiento en caché de cliente sin conexión para los recursos del equipo especificado.
/ALL	Muestra todos los recursos compartidos, incluidos los de tipo $.

NETDOM

NETDOM QUERY Consulta información en el dominio.

```
Sintaxis:
NETDOM QUERY [/Domain:dominio] [/Server:servidor][/UserD:usuario] [/PasswordD:[contraseña | *]]
[/Verify] [/RESEt] [/Direct] [/SecurePasswordPrompt] WORKSTATION | SERVER | DC | OU | PDC | FSMO | TRUST
```

/Domain	Específica el dominio en el que consultar la información.
/UserD	Cuenta de usuario usada para establecer la conexión con el dominio especificado por el argumento /Domain.
/PasswordD	Contraseña de la cuenta de usuario especificada con /UserD.
	Un asterisco (*) indica que debe solicitarse la contraseña.
/Server	Nombre de un controlador de dominio específico que debe usarse para realizar la consulta.
/Verify	En el caso de los equipos, comprueba que el canal seguro entre el equipo y el controlador de dominio funcione correctamente.
	En el caso de las confianzas, comprueba que la confianza entre los dominios funcione correctamente. Solo se comprobará la confianza de salida. El usuario deberá tener credenciales de administrador de dominio para poder obtener resultados de comprobación correctos.
/RESEt	Restablece el canal seguro entre el equipo y el controlador de dominio; solo es válido para la enumeración de equipos.
/Direct	Solo se aplica a una consulta TRUST; solo muestra los vínculos de confianza directa y omite los dominios de confianza indirecta a través de vínculos transitivos. No debe usarse junto con /Verify.
/SecurePasswordPrompt	
	Usar elemento emergente de credenciales de seguridad para especificar las credenciales. Esta opción debe usarse cuando es necesario especificar credenciales de tarjeta inteligente. Esta opción solo se aplica cuando el valor de contraseña se especifica como *.
WORKSTATION	Consultar al dominio la lista de estaciones de trabajo.
SERVER	Consultar al dominio la lista de servidores.
DC	Consultar al dominio la lista de controladores de dominio.
OU	Consultar al dominio la lista de unidades organizativas en las que el usuario especificado puede crear un objeto de equipo.
PDC	Consultar al dominio el controlador de dominio principal actual.
FSMO	Consultar al dominio la lista actual de propietarios FSMO.
TRUST	Consultar al dominio la lista de sus confianzas.

El comando de comprobación de confianza solo comprueba las confianzas de Windows directas y de salida. Para comprobar una confianza de entrada, use el comando NETDOM TRUST, que le permite especificar credenciales para el dominio que confía.

NETDOM RENAMECOMPUTER

NETDOM RENAMECOMPUTER cambia el nombre de un equipo. Si el equipo está unido aun dominio, el objeto de equipo del dominio también cambiará de nombre.

Algunos servicios, como la entidad de certificación, confían en un nombre de equipo fijo. Si hay algún servicio de este tipo ejecutándose en el equipo de destino, un cambio de nombre de equipo podría tener un efecto negativo. Este comando no debe usarse para cambiar el nombre de un controlador de dominio.

```
Sintaxis: NETDOM RENAMECOMPUTER equipo /NewName:nuevo_nombre
          [/UserD:usuario [/PasswordD:[contraseña | *]]]
          [/UserO:usuario [/PasswordO:[contraseña | *]]]
          [/Force] [/REBoot[:tiempo en segundos]]
```

CUADERNILLO PRÁCTICO 1: *Comandos Windows de red y AD DS*

```
              [/SecurePasswordPrompt]
equipo              Es el nombre de la estación de trabajo o del servidor miembro cuyo nombre va a cambiarse.
/NewName            Especifica el nuevo nombre del equipo. Tanto la etiqueta de host DNS como el nombre Net-
                    BIOS cambian a nuevo_nombre. Si nuevo_nombre ocupa más de 15 caracteres, el nombre NetBIOS
                    se deriva de los 15 primeros caracteres.
/UserD              Cuenta de usuario usada para establecer la conexión con el dominio. El dominio puede espe-
                    cificarse como "/ud:dominio\usuario". Si se omite, se da por supuesto el dominio del equi-
                    po.
/PasswordD          Contraseña de la cuenta de usuario especificada con /UserD.
                    Un asterisco (*) indica que debe solicitarse la contraseña.
/UserO              Cuenta de usuario usada para establecer la conexión con el equipo que va a cambiar de
                    nombre. Si se omite, se usa la cuenta del usuario que ha iniciado la sesión actual. El do-
                    minio del usuario puede especificarse como "/uo:dominio\usuario". Si se omite, se da por
                    supuesta una cuenta de equipo local.
/PasswordO          Contraseña de la cuenta de usuario especificada con /UserO.
                    Un asterisco (*) indica que debe solicitarse la contraseña.
/Force              Como se indicó arriba, este comando puede afectar negativamente a algunos servicios que se
                    ejecutan en el equipo. Se pedirá confirmación al usuario, salvo que se especifique el mo-
                    dificador /FORCE.
/REBoot             Especifica que el equipo debe apagarse y reiniciarse automáticamente una vez completado el
                    cambio de nombre. También puede especificarse el número de segundos antes del apagado au-
                    tomático. El valor predeterminado es de 30 segundos.
/SecurePasswordPrompt
                    Usar elemento emergente de credenciales de seguridad para especificar las credenciales.
                    Esta opción debe usarse cuando es necesario especificar credenciales de tarjeta inteligen-
                    te. Esta opción solo se aplica cuando el valor de contraseña se especifica como *.
```

NETSTAT (servidor)

Muestra estadísticas del protocolo y conexiones TCP/IP actuales.

NETSTAT [-a] [-b] [-e] [-f] [-n] [-o] [-p proto] [-r] [-s] [-x] [-t] [interval]

```
    -a          Muestra todas las conexiones y puertos de escucha.
    -b          Muestra el archivo ejecutable involucrado en la creación de cada conexión o puerto de escu-
                cha. En algunos casos, los archivos ejecutables reconocidos hospedan múltiples componentes
                individuales, y en esos casos, se mostrará la secuencia de componentes involucrados en la
                creación de la conexión o puerto de escucha; el nombre del ejecutable se mostrará entre []
                en la parte inferior; en la parte superior estará el componente que llamó, y así sucesiva-
                mente hasta que se llegue a TCP/IP. Tenga en cuenta que esta opción puede tardar bastante
                tiempo y no se ejecutará correctamente si no cuenta con permisos suficientes.
    -e          Muestra estadísticas de Ethernet. Se puede combinar con la opción -s.
    -f          Muestra los nombres FQDN de direcciones externas.
    -n          Muestra números de puertos y direcciones en formato numérico.
    -o          Muestra el Id. del proceso asociado con cada conexión.
    -p proto    Muestra conexiones del protocolo especificado por proto; que puede ser TCP, UDP, TCPv6 o
                UDPv6. Si se usa con la opción -s para mostrar estadísticas por protocolo, protocolo puede
                ser IP, IPv6, ICMP, ICMPv6, TCP, TCPv6, UDP o UDPv6.
    -r          Muestra el contenido de la tabla de rutas.
    -s          Muestra estadísticas por protocolo. De forma predeterminada, se muestran para IP, IPv6,
                ICMP, ICMPv6, TCP, TCPv6, UDP y UDPv6; se puede utilizar la opción -p para especificar un
                subconjunto de los valores predeterminados.
    -t          Muestra el estado de la carga de la conexión actual.
    -x          Muestra conexiones NetworkDirect, escuchas y extremos compartidos.
    -y          Muestra la plantilla de conexión TCP para todas las conexiones.
                No se puede combinar con el resto de las opciones.
    interval    Vuelve a mostrar las estadísticas seleccionadas, haciendo pausas en el intervalo de segun-
                dos especificado entre cada muestra. Presione Ctrl+C para detener la actualización de esta-
                dísticas. Si se omite, netstat imprimirá la información de configuración una vez.
```

NSLOOKUP

```
> help
Comandos: (los identificadores se muestran en mayúsculas, [] significa opcional)

NOMBRE              Imprimir información acerca de NOMBRE de host o de dominio con el servidor predeterminado
NOMBRE1 NOMBRE2     Igual que el anterior, pero se usa NOMBRE2 como servidor
help o ?            Imprimir información acerca de comandos comunes
set OPCIÓN          Establecer una opción.
    all                     Opciones de impresión, servidor actual y host.
    [no]debug               Imprimir información de depuración.
    [no]d2                  Imprimir información de depuración exhaustiva.
    [no]defname             Anexar el nombre de dominio a cada consulta.
    [no]recurse             Pedir respuesta recursiva a la consulta.
    [no]search              Usar la lista de búsqueda de dominios.
    [no]vc                  Usar siempre un circuito virtual.
    domain=NOMBRE           Establecer nombre de dominio predeterminado en NOMBRE.
    srchlist=N1[/N2/.../N6] Establecer dominio en N1 y lista de búsqueda en N1,N2, etc.
    root=NOMBRE             Establecer servidor raíz en NOMBRE.
    retry=X                 Establecer número de reintentos en X.
    timeout=X               Establecer intervalo de tiempo de espera inicial en X segundos.
    type=X                  Establecer tipo de consulta (p. ej., A,AAAA,A+AAAA,ANY,CNAME,MX,NS,PTR,SOA,SRV).
```

```
        querytype=X         Igual que type.
        class=X             Establecer clase de consulta (p. ej., IN (Internet), ANY).
        [no]msxfr           Usar transferencia de zona rápida MS.
        ixfrver=X           Versión actual que se usará en la solicitud de transferencia IXFR.
 server NOMBRE          Establecer el servidor predeterminado en NOMBRE con el servidor predeterminado actual.
 lserver NOMBRE         Establecer el servidor predeterminado en NOMBRE con el servidor inicial.
 root                   Establecer el servidor predeterminado actual en la raíz.
 ls [opt] DOMINIO [> ARCHIVO] Enumerar las direcciones de DOMINIO (opcional: enviar el resultado a ARCHI-
                             VO).
        -a                  Enumerar nombres canónicos y alias.
        -d                  Enumerar todos los registros.
        -t TIPO             Enumerar los registros del tipo de registro RFC dado (p. ej., A,CNAME,MX,NS,PTR etc.)
 view ARCHIVO           Ordenar un archivo de resultados 'ls' y verlo con pg.
 exit                   Salir del programa.
```

PATHPING

```
Uso: pathping         [-g lista_host] [-h saltos_máx] [-i dirección] [-n]  [-p período] [-q núm_consultas]
                      [-w tiempo_espera] [-4] [-6] nombre_destino
Opciones:
    -g lista_host     Ruta de origen no estricta en la lista de host.
    -h saltos_máx     Número máximo de saltos para buscar en el destino.
    -i dirección      Utilizar la dirección de origen especificada.
    -n                No resolver direcciones como nombres de host.
    -p período        Período de espera en milisegundos entre llamadas ping.
    -q núm_consultas  Número de consultas por salto.
    -w tiempo_espera  Tiempo de espera en milisegundos para cada respuesta.
    -4                Fuerza utilizando IPv4.
    -6                Fuerza utilizando IPv6.
```

> PING en Windows 7, no existe la opción -p y si la incorporan: Windows 10 y Windows Server 2012 R2

PING

```
Uso: ping     [-t] [-a] [-n count] [-l size] [-f] [-i TTL] [-v TOS][-r count] [-s count]
              [[-j host-list] | [-k host-list]] [-w timeout] [-R] [-S srcaddr] [-c compartment]
              [-p][-4] [-6] nombre_destino

Opciones:
    -t              Hacer ping al host especificado hasta que se detenga.
                    Para ver estadísticas y continuar, presione Ctrl-Interrumpir; para detener, presione
                    Ctrl+C.
    -a              Resolver direcciones en nombres de host.
    -n count        Número de solicitudes de eco para enviar.
    -l size         Enviar tamaño de búfer.
    -f              Establecer marca No fragmentar en paquetes (solo IPv4).
    -i TTL          Período de vida.
    -v TOS          Tipo de servicio (solo IPv4. Esta opción está desusada y no tiene ningún efecto sobre
                    el campo de tipo de servicio del encabezado IP).
    -r count        Registrar la ruta de saltos de cuenta (solo IPv4).
    -s count        Marca de tiempo de saltos de cuenta (solo IPv4).
    -j host-list    Ruta de origen no estricta para lista-host (solo IPv4).
    -k host-list    Ruta de origen estricta para lista-host (solo IPv4).
    -w timeout      Tiempo de espera en milisegundos para cada respuesta.
    -R              Usar encabezado de enrutamiento para probar también la ruta inversa (solo IPv6).
                    Por RFC 5095 el uso de este encabezado de enrutamiento ha quedado en desuso. Es posi-
                    ble que algunos sistemas anulen solicitudes de eco si usa este encabezado.
       -S srcaddr   Dirección de origen que se desea usar.
       -c compartment  Enrutamiento del identificador del compartimiento.
       -p           Hacer ping a la dirección del proveedor de Virtualización de red de Hyper-V.
       -4           Forzar el uso de IPv4.
       -6           Forzar el uso de IPv6.
```

SET
Muestra, establece o quita las variables de entorno de cmd.exe.

        SET [variable=[cadena]]

  variable Especifica el nombre de la variable de entorno.
  cadena   Especifica una serie de caracteres que se asignará a la variable.

Escriba SET sin parámetros para ver las variables de entorno actuales.
Si las extensiones de comando están habilitadas, SET cambia así:
"Cuando se llama al comando SET solamente con un nombre de variable, sin signo de igual ni valor, se mostrarán los valores de todas las variables cuyos prefijos coincidan con el nombre especificado como parámetro para el comando SET. Por ejemplo:
    SET P
Mostrará todas las variables que empiecen con la letra 'P'.
El comando SET establecerá ERRORLEVEL en 1 si no se encuentra el nombre de la variable en el entorno actual.
El comando SET no permitirá que un signo de igual sea parte de una variable.
Se han agregado dos modificadores nuevos al comando SET:
    SET /A expression
    SET /P variable=[promptString]

El modificador /A especifica que la cadena a la derecha del signo de igual es una expresión numérica que es evaluada. El evaluador de expresiones es bastante simple y es compatible con las siguientes operaciones, en orden de precedencia decreciente:

```
()                      agrupar
! ~ -                   operadores unarios
* / %                   operadores aritméticos
+ -                     operadores aritméticos
<< >>                   desplazamiento lógico
&                       bit a bit y
^                       bit a bit exclusivo o
|                       bit a bit
= *= /= %= += -=        asignación
   &= ^= |= <<= >>=
,                       separador de expresión
```

Si se usa cualquiera de los operadores lógicos o de módulo, será necesario escribir la cadena entre comillas. Cualquier cadena de la expresión que no sea numérica, se tratará como variable de entorno cuyo valor se convertirá a tipo numérico antes de usarse. Si se especifica una variable que no está definida en el entorno actual, se usará el valor cero. Esto permite hacer operaciones aritméticas con los valores de variables de entorno evitando el escribir todos estos signos % para obtener sus valores. Si se ejecuta el comando SET /A desde la línea del comando fuera del script, entonces se mostrará el valor final de la expresión. El operador de asignación requiere un nombre de variable de entorno a la izquierda del operador de asignación. Los valores numéricos son números decimales, a no ser que lleven el prefijo 0x delante para los números hexadecimales, y 0 para los números octales. De esta manera 0x12 es lo mismo que 18, y lo mismo que 022.

Nota: la notación octal puede ser confusa: 08 y 09 no son números válidos porque 8 y 9 no son dígitos octales válidos.

El modificador /P permite establecer el valor de una variable para una línea de entrada escrita por el usuario. Muestra la cadena del símbolo del sistema antes de leer la línea de entrada. La cadena del símbolo del sistema puede estar vacía.

La sustitución de variables de entorno ha sido mejorada así:

    %PATH:str1=str2%

Expandirá la variable de entorno PATH, sustituyendo cada repetición de "str1" en el resultado expandido con "str2". "str2" puede ser la cadena vacía para eliminar de forma efectiva todas las repeticiones de "str1" de la salida expandida. "str1" puede empezar con un asterisco, en cuyo caso, coincidirá con lo contenido en la salida expandida desde su inicio, hasta la primera aparición del fragmento de str1 que queda.

También puede especificar subcadenas para una expansión.

    %PATH:~10,5%

Expandirá la variable de entorno PATH, y usará solo los 5 caracteres a partir del décimo primer carácter (desplazamiento 10) del resultado expandido. Si la longitud no se especifica, se usará el resto del valor de la variable. Si algún número (desplazamiento o longitud) es negativo, entonces el número usado es la longitud del valor de la variable de entorno agregado al desplazamiento o longitud especificados.

    %PATH:~-10%

Extraerá los 10 caracteres de la variable PATH.

    %PATH:~0,-2%

Extraerá todo menos los 2 últimos caracteres de la variable PATH.

Finalmente, se agregó compatibilidad para la expansión de la variable retrasada. Esta compatibilidad está siempre deshabilitada de forma predeterminada, pero puede habilitarse o deshabilitarse a través del modificador de línea de comandos /V a CMD.EXE. Consulte CMD /?.

La expansión de la variable de entorno es útil para tratar con las limitaciones de la expansión actual, las cuales ocurren cuando una línea de texto es leída, y no cuando se ejecuta. El siguiente ejemplo demuestra el problema con la expansión de la variable inmediata:

```
set VAR=antes
if "%VAR%" == "antes" (
    set VAR=después
    if "%VAR%" == "después" @echo Si esto se puede ver, entonces
            significa que funcionó
)
```

Dado que %VAR% se sustituye al mismo tiempo en ambas instrucciones IF cuando se lee la primera instrucción IF, pues incluye lógicamente al cuerpo del IF, el cual es una instrucción compuesta. De esta manera, IF, dentro de la instrucción compuesta está realmente comparando "antes" con "después" lo cuál nunca será igual. De un modo parecido, el siguiente ejemplo no funcionará como se espera:

```
set LIST=
for %i in (*) do set LIST=%LIST% %i
echo %LIST%
```

En esto NO generará una lista de archivos en el directorio actual, pero en su lugar establecerá la variable LIST en el último archivo encontrado.

De nuevo, esto ocurre porque %LIST% es expandido solo una vez cuando la opción FOR es leída, y en ese momento la variable LIST variable está vacía.

Así el ciclo actual FOR que se está ejecutando es:

    for %i in (*) do set LIST= %i

El cual solo mantiene el valor LIST hasta el último archivo encontrado.

La expansión de la variable de entorno retrasada permite usar un carácter diferente (el signo de exclamación para expandir variables en tiempo de ejecución. Si la expansión de la variable retrasada está habilitada, los ejemplos se pueden escribir de la siguiente manera para que funcionen como es necesario:

```
set VAR=antes
if "%VAR%" == "antes" (
    set VAR=después
    if "!VAR!" == "después" @echo Si esto se puede ver, entonces
            significa que funcionó
)
```

```
set LIST=
for %i en (*) do set LIST=!LIST! %i
echo %LIST%
```
   Si las extensiones de comando están habilitadas, hay varias variables dinámicas de entorno que se pueden expandir pero que no se muestran en la lista de variables que muestra SET. Estos valores de variable se calculan dinámicamente cada vez que el valor de la variable se expande. Si el usuario define una variable explícitamente con uno de estos nombres, entonces esa definición invalidará la variable dinámica abajo descrita:

%CD%   Se expande a la cadena del directorio actual.
%DATE%   Se expande a la fecha actual con el mismo formato que el comando DATE.
%TIME%   Se expande a la hora actual con el mismo formato que el comando TIME.
%RANDOM%   Se expande a un número decimal aleatorio entre 0 y 32767.
%ERRORLEVEL%   Se expande al valor de NIVEL DE ERROR actual.
%CMDEXTVERSION%   Se expande al número actual de versión de las extensiones del comando del procesador.
%CMDCMDLINE%   Se expande a la línea de comandos original que invocó el Procesador de comandos.
%HIGHESTNUMANODENUMBER%   Se expande al número de nodo NUMA máximo en este equipo.

SETX

   Crea o modifica variables de entorno en el entorno de usuario o de sistema. Puede establecer variables basadas en argumentos, claves de Registro o entrada de archivos.
   SetX tiene tres formas de trabajo:

Sintaxis 1:   SETX [/S sistema [/U [dominio\]usuario [/P [contraseña]]]] valor var [/M]
Sintaxis 2:   SETX [/S sistema [/U [dominio\]usuario [/P [contraseña]]]] var /K ruta del Registro [/M]
Sintaxis 3:   SETX [/S sistema [/U [dominio\]usuario [/P [contraseña]]]]
               /F archivo {var {/A x,y | /R cadena x,y}[/M] | /X} [/D delimitadores]

Descripción:

Lista de parámetros:
   /S   sistema   Especifica el sistema remoto al que conectarse.
   /U   [dominio\]usuario   Especifica el contexto de usuario en el que el comando debe ejecutarse.
   /P   [contraseña]   Especifica la contraseña para el contexto de usuario dado. Pide entrada si se omite.
   var   Especifica la variable de entorno que se va a establecer.
   valor   Especifica el valor que se va a asignar a la variable de entorno.
   /K   Ruta de Registro   Especifica que la variable está basada en información de una clave del Registro.
                              La ruta de acceso debe especificarse en el formato subárbol\clave\...\valor.
                              Por ejemplo:
                              HKEY_LOCAL_MACHINE\System\CurrentControlSet\Control\TimeZoneInformation\StandardNam
   /F   archivo   Especifica el nombre del archivo de texto que se va a usar.
   /A   x,y   Especifica coordenadas absolutas de archivo(línea X, elemento Y) como parámetros de búsqueda dentro del archivo.
   /R   cadena x,y   Especifica coordenadas relativas de archivo respecto a "cadena" como parámetros de búsqueda.
   /M   Específica que la variable debe establecerse en el entorno (HKEY_LOCAL_MACHINE) de todo el sistema. El valor predeterminado es establecer la variable bajo el entorno HKEY_CURRENT_USER.
   /X   Muestra el contenido de archivos con coordenadas x,y.
   /D   delimitadores   Especifica delimitadores adicionales, como "," o "\". Los delimitadores integrados son espacio, tabulador, retorno de carro y salto de línea. Cualquier carácter ASCII se puede usar como delimitador adicional. El número máximo de delimitadores, incluidos los delimitadores integrados, es de 15.
   /?   Muestra este mensaje de ayuda.

NOTA: 1) SETX escribe variables en el entorno maestro del Registro.
       2) En un sistema local, las variables creadas o modificadas con esta herramienta estarán disponibles en futuras ventanas de comandos, pero no en la ventana de comandos CMD.exe actual.
       3) En un sistema remoto, las variables creadas o modificadas con esta herramienta estarán disponibles en la siguiente sesión de inicio.
       4) Los tipos de datos válidos de clave del Registro son REG_DWORD, REG_EXPAND_SZ, REG_SZ, REG_MULTI_SZ.
       5) Subárboles compatibles: HKEY_LOCAL_MACHINE (HKLM), HKEY_CURRENT_USER (HKCU).
       6) Los delimitadores distinguen entre mayúsculas y minúsculas.
       7) Los valores REG_DWORD se extraen del Registro en formato decimal.

TRACERT

Uso: tracert [-d] [-h saltos_máximos] [-j lista_de_hosts] [-w tiempo_de_espera]
             [-R] [-S srcaddr] [-4] [-6] nombre_destino

Opciones:
   -d   No convierte direcciones en nombres de hosts.
   -h saltos_máximos   Máxima cantidad de saltos en la búsqueda del objetivo.
   -j lista-host   Enrutamiento relajado de origen a lo largo de la lista de hosts (solo IPv4).
   -w tiempo_espera   Tiempo de espera en milisegundos para esperar cada respuesta.
   -R   Seguir la ruta de retorno (solo IPv6).
   -S srcaddr   Dirección de origen para utilizar (solo IPv6).
   -4   Forzar usando IPv4.
   -6   Forzar usando IPv6.

WHOAMI

Esta utilidad se puede usar para obtener el destino de información de junto con los respectivos identificadores de seguridad (SID), notificaciones, privilegios, identificador de inicio de sesión (Id. de inicio de sesión del usuario actual en el sistema local.

P. ej. *¿quién es el usuario conectado en este momento?*

Es decir, quién es el usuario actualmente conectado. Si no se especifica ningún modificador, la herramienta muestra nombre de usuario en formato NTLM (dominio\nombre_usuario).

WhoAmI tiene tres formas de trabajo:

```
Sintaxis 1:    WHOAMI [/UPN | /FQDN | /LOGONID]
Sintaxis 2:    WHOAMI { [/USER] [/GROUPS] [/PRIV] } [/FO formato] [/NH]
Sintaxis 3:    WHOAMI /ALL [/FO formato] [/NH]
```

Lista de parámetros:

/UPN	Muestra el nombre de usuario en el formato Nombre principal de usuario (UPN).
/FQDN	Muestra el nombre de usuario en formato de nombre distintivo (FQDN).
/USER	Muestra la información del usuario actual junto con el identificador de seguridad (SID).
/GROUPS	Muestra la pertenencia a grupos del usuario actual, tipo de cuenta, identificadores de seguridad (SID) y atributos.
/CLAIMS	Muestra notificaciones para el usuario actual, incluido nombre de notificación, marca, tipo y valores.
/PRIV	Muestra privilegios de seguridad del usuario actual.
/LOGONID	Muestra el Id. de inicio de sesión del usuario actual.
/ALL	Muestra el nombre de usuario actual y los grupos a los que pertenece y los identificadores de seguridad (SID), notificaciones y privilegios para el token de acceso del usuario actual.
/FO formato	Especifica el formato de salida que se va a mostrar. Son valores válidos: TABLE, LIST, CSV. No se muestran los encabezados de columna con formato CSV. El formato predeterminado es TABLE.
/NH	Específica que no se debe mostrar el encabezado en el resultado. Esto solo es válido para los formatos TABLE y CSV.

Tabla de comando net de SunLink Server

La tabla siguiente contiene una descripción de las opciones del comando net de SunLink Server disponibles desde la línea de comandos de SunLink Server.

Comando	Descripción
net access	Permite ver o modificar los permisos sobre los recursos de los servidores. Utilice este comando sólo para ver y modificar los permisos sobre canalizaciones y colas de impresión. Para administrar permisos sobre otros tipos de recursos, utilice net perms.
net accounts	Muestra la función de los servidores de un dominio y permite ver o modificar los requisitos de contraseña y entrada al sistema de los usuarios.
net admin	Ejecuta un comando SunLink Server o inicia un procesador de comandos en un servidor remoto.
net auditing	Permite ver y modificar los valores de auditoría de los recursos.
net browser	Muestra la lista de los dominios visibles desde un servidor local o la lista de equipos activos en un dominio.
net computer	Permite ver y modificar la lista de cuentas de equipos en un dominio. También puede introducirse con la forma: netcomputers
net config	Muestra los servicios controlables que están en ejecución.
net config server	Permite ver o modificar los valores del servicio Servidor mientras se está ejecutando.
net continue	Cuando se utiliza en un servidor, reanuda los servicios interrumpidos. Si se utiliza desde un cliente, reanuda el funcionamiento de las impresoras compartidas que se hayan desactivado con el domando net pause.
net device	Permite ver una lista de nombres de dispositivo y controlar impresoras compartidas. Si se utiliza sin opciones, este comando muestra el estado de todas las impresoras compartidas del servidor especificado. Si se utiliza con la opción-*nombre_impresora,* muestra sólo el estado de la impresora especificada.
net file	Muestra los nombres de todos los archivos compartidos abiertos y el número de bloqueos de cada archivo, si los hay. También puede utilizarse para cerrar archivos compartidos. Si se especifica sin opciones, proporciona la lista de todos los archivos abiertos en un servidor. Puede escribirse también con la forma net files.
net group	Permite agregar, ver o modificar grupos globales. También puede escribirse con la forma net groups.
net help	Proporciona una lista de comandos de red y temas sobre los que se puede obtener ayuda, o bien proporciona ayuda sobre un determinado *comando* o *tema*.
net helpmsg	Proporciona ayuda sobre mensajes de error de red.
net localgroup	Permite agregar, ver o modificar grupos locales en los dominios. También puede escribirse con la forma: net localgroups.
net logoff	Cierra la sesión de un nombre de usuario en la red.
net logon	Efectúa la entrada de un nombre de usuario en el servidor y establece el nombre de usuario y la contraseña del cliente del usuario. Si no se especifica el nombre de usuario con el comando, se utiliza automáticamente el nombre de entrada en el sistema Solaris.
net password	Permite cambiar la contraseña de una cuenta de usuario en un servidor o en un dominio.
net pause	Interrumpe los servicios o desactiva las impresoras de un servidor. (Nota: después de haber seguido las instrucciones del Capítulo 4 de esta guía para configurar la impresora Solaris, establecerla como una impresora compartida de SunLink Server y ponerla a disposición de los clientes Microsoft Windows, **no** utilice el comando net pause para interrumpir la cola de impresión. SunLink Server interpreta este comando como una orden para desactivar la impresora, no para interrumpir el funcionamiento de la cola de impresión. Utilice en su lugar el comando net print /hold).
net perms	Permite ver o modificar los permisos sobre recursos y la información de propiedad de los servidores. Los recursos sobre los que puede tener efecto este comando son recursos compartidos, directorios y archivos.
net print	Permite ver o controlar trabajos y colas de impresión. También se utiliza para definir o modificar las opciones de las colas de impresión (véase la nota del comando net pause).
net send	Permite enviar un mensaje a los clientes contectados.
net session	Permite ver o desconectar las sesiones existentes entre un servidor y los clientes. Si se utiliza sin opciones, muestra información sobre todas las sesiones establecidas con el servidor local. También puede escribirse con la forma net sessions.
net share	Permite crear, eliminar, modificar o ver los recursos compartidos. Utilice este comando para poner un recurso a disposición de los clientes. Si lo usa sin opciones, muestra información sobre todos los recursos que se están compartiendo en el servidor.
net sid	Convierte los nombres de cuenta en sus correspondientes identificadores de seguridad (SID) y viceversa.
net start	Inicia un servicio o, si se utiliza sin opciones, muestra una lista de los servicios en ejecución. Los servicios que pueden iniciarse son: Alerta (alerter), Examinador de equipos (browser), Duplicador de directorios (replicator), Registro de sucesos (eventlog), Inicio de sesión de red (netlogon), Ejecución de red (netrun), Servidor (server), Servidor de hora (timesource) y WINS.
net statistics	Muestra o borra el contenido del registro de estadísticas.
net status	Muestra el nombre de equipo, los valores de configuración y la lista de recursos compartidos de un servidor.
net stop	Detiene un servicio de red.
net time	Sincroniza el reloj del cliente con el de un servidor o un dominio, o bien muestra la hora de un servidor o un dominio.
net trust	Establece o anula las relaciones de confianza entre dominios y muestra la información de relaciones de confianza del dominio especificado.
net user	Permite ver, agregar, modificar o eliminar cuentas de usuario, o bien mostrar la información de la cuenta de usuario especificada.
net version	Muestra la versión del software de red que se está utilizando en el equipo donde se ha ejecutado el comando.
net view	Muestra una lista de servidores o de recursos compartidos por un servidor.

GLOSARIO

CONCEPTO	DESCRIPCIÓN
CCNA	Cisco Certified Network Associate
CISCO	(Cisco Systems, Inc.) Compañía global con sede en San Jose, California (EE.UU.). Diseña y vende tecnología y servicios de red como ser: routers(enrutadores), switches (conmutadores), hubs, cortafuegos, productos de telefonía IP, software de gestión de red como CiscoWorks, equipos para Redes de Área de Almacenamiento. Fue fundada en 1984.
CSV	Comma-Separated Values, los archivos almacenan los datos tabulares en el formato de texto, separados por comas. Para guardar su hoja de cálculo como un archivo .csv
DHCP	Dynamic Host Configuration Protocol (protocolo de configuración dinámica de host).
DNS	Domain Name System (Sistema de Nombres de Dominio).
EGP	Exterior Gateway Protocol (Protocolo de pasarela exterior).
EUI	Extended Unique Identifier (EUI-64).
FQDN	Fully Qualified Domain Name (dominio completamente cualificado).
FSMO	Flexible Single Master Operation Roles (Funciones de operación de maestro único flexible).
HIPER-V	Es un programa de virtualización basado en un hipervisor para los sistemas de 64-bits con los procesadores basados en AMD-V o Tecnología de virtualización Intel (el instrumental de gestión también se puede instalar en sistemas x86).
ICMP/ICMPv6	Internet Control Message Protocol (Protocolo de Mensajes de Control de Internet).
IEEE	Institute of Electrical and Electronics Engineers (Instituto de Ingenieros Electricos y Electrónicos).
IGP	Interior Gateway Protocol (Protocolo de pasarela interior).
IP	Internet Protocol (Protocolo de Internet):IPv4, IPv6
ISO	International Organization for Standardization (Organización Internacional de Normalización).
LPTnúmero	Line Print Terminal (Terminal de impresión).
NIC	Network Interface Card (Tarjeta de interfaz de red).
NTLM	NT LAN Manage. New Technology LAN Manage (Director de Nuevas Tecnologías de LAN).
OSI	Open System Interconnection (modelo de interconexión de sistemas abiertos).
OSPF	Open Shortest Path First (Abrir primero la ruta de acceso más corta).
OUI	Organizationally Unique Identifier (Identificador de la organización Unique).
PID	Process IDentifier (Identificador de proceso).
PROMPT	(Listo, Pronto)Punto indicativo del Sistema, también denominado: línea indicativa del sistema, punto interactivo del sistema, línea de comandos (sistema).
RIP	Routing Information Protocol (Protocolo de información de enrutamiento)
RPC	Remote Procedure Call (llamada a procedimiento remoto).
SID	Security Identifier, es un número utilizado para identificar las cuentas de usuarios, grupos y ordenadores de Windows.
TCP/IP	Transmission Control Protocol/ Internet Protocol (Protocolo de Control de Transporte/Protocolo de Internet).
TCP/TCPv6	Transmission Control Protocol (TCP) o Protocolo de Control de Transmisión.
UDP/UDPv6	User Datagram Protocol, Protocolo de Datagramas de Usuario. Versión 4 y versión 6.
UPN	Universal Principal Name (Nombre de Usuario Principal).
WEB	World Wide Web (WWW) o red informática mundial.
ICANN	Internet Corporation for Assigned Names and Numbers (Corporación de Internet para Nombres y Números Asignados).

REFERENCIAS WEB

Las referencias que se citan se encontraban en esas URL a lo largo del mes de Julio de 2016.

http://ss64.com/nt/
http://es.ccm.net/
https://technet.miscrosoft.com
https://es.wikipedia.org
http://www.gestion.org
http://www.pleplando.com/
http://www.pesadillo.com/
https://support.microsoft.com/es-es/kb/137984
http://www.xatakaon.com/
https://docs.oracle.com/cd/E19957-01/806-0439-10/6j9pu9eja/index.html
https://books.googles.es/Books

REFERENCIA DE COMANDOS

Comandos	Páginas
CACLS	48
DSADD	44
DSGET	48,49,50,51,53,97
DSQUERY	41,42,43
DSQUERY COMPUTER	42
DSQUERY CONTACT	42
DSQUERY OU	43
DSQUERY PARTITION	43,44,55,56
DSQUERY QUOTA	55,59,98,105,106
DSQUERY SERVER	43,55,104
DSQUERY SITE	43,55,98,102
DSQUERY USER	53,97,104
FSUTIL	59,60,61,107
GETMAC	9,10,11,12,13,107
GPRESULT	62,63,64
GPUPDATE	62
HOSTNAME	9
ICACLS	46,47,94,95
IPCONFIG	20,23,24,78,87
NBTSTAT	73,76,79,107
NET ACCOUNTS	62,108
NET COMPUTER	40,108
NET CONFIG	40,109
NET CONTINUE	41,109,110
NET FILE	40,109
NET GROUP	34,37,38,109
NET HELPMSG	36,37,39,62,109
NET LOCALGROUP	35,109
NET PAUSE	41,109,110
NET SESSION	39,110
NET SHARE	33,34,38,110
NET TIME	41,111
NET USE	32,38,111
NET USER	36,37,111,112
NET VIEW	38,39,113
NETDOM	51,52,113
NETSTAT	66,68,69,70,73,114
NSLOOKUP	86,89,114
PATHPING	83,84,115
PING	13,115
SET	59,118,119,120
SETX	56,115
TRACERT	79,80,81,82,83,84,89,117
WHOAMI	26,27,28,29,39,41,54,118

www.ingramcontent.com/pod-product-compliance
Lightning Source LLC
Chambersburg PA
CBHW081047170526
45158CB00006B/1892